玩转机器人系列丛书

玩转机器人

（移动视频版）

基于 Altium Designer 的 PCB 设计实例

刘波 冯震 夏初蕾　编著

电子工业出版社

Publishing House of Electronics Industry

北京·BEIJING

内 容 简 介

本书主要介绍使用 Altium Designer 进行机器人 PCB 设计的方法。本书内容涉及 Altium Designer 的基础操作、元件库绘制、原理图绘制和 PCB 绘制。书中完整介绍了 5 个利用 Altium Designer 进行机器人 PCB 设计的实例,包括六足机器人 PCB 设计实例、双足机器人 PCB 设计实例、遥控小车机器人 PCB 设计实例、循迹机器人 PCB 设计实例和避障机器人 PCB 设计实例。读者可以在熟悉 Altium Designer 操作的同时体会机器人 PCB 设计的思路,为 DIY 机器人 PCB 打下基础。

本书适用于对机器人 PCB 设计感兴趣或参加电子设计竞赛的人员,也可作为高等院校相关专业和职业培训的实验用书。

未经许可,不得以任何方式复制或抄袭本书之部分或全部内容。
版权所有,侵权必究。

图书在版编目(CIP)数据

玩转机器人:基于 Altium Designer 的 PCB 设计实例:移动视频版 / 刘波,冯震,夏初蕾编著. —北京:电子工业出版社,2020.7
(玩转机器人系列丛书)
ISBN 978-7-121-39133-0

Ⅰ. ①玩… Ⅱ. ①刘… ②冯… ③夏… Ⅲ. ①机器人-计算机辅助设计-应用软件 Ⅳ. ①TP242

中国版本图书馆 CIP 数据核字(2020)第 103166 号

责任编辑:李 洁　　　　特约编辑:田学清
印　　刷:三河市君旺印务有限公司
装　　订:三河市君旺印务有限公司
出版发行:电子工业出版社
　　　　　北京市海淀区万寿路 173 信箱　　邮编　100036
开　　本:787×1 092　1/16　印张:19.25　字数:543 千字
版　　次:2020 年 7 月第 1 版
印　　次:2020 年 7 月第 1 次印刷
定　　价:69.80 元

凡所购买电子工业出版社图书有缺损问题,请向购买书店调换。若书店售缺,请与本社发行部联系,联系及邮购电话:(010)88254888,88258888。
质量投诉请发邮件至 zlts@phei.com.cn,盗版侵权举报请发邮件至 dbqq@phei.com.cn。
本书咨询联系方式:lijie@phei.com.cn。

<<<<< PREFACE

  自 21 世纪以来，国内外对机器人技术的发展越来越重视。机器人技术被认为是对未来新兴产业发展具有重要意义的高新技术之一。机器人革命有望成为"智能制造"的切入点和重要增长点，将影响全球制造业的格局。与机器人相关的技术势必成为技术工程师和科研工作者关注的焦点。

  Altium Designer 作为优秀的电子设计自动化（EDA）的电路设计软件之一，具有电路仿真和 PCB 绘制等功能。本书主要介绍使用 Altium Designer 进行机器人 PCB 设计的方法。本书内容涉及 Altium Designer 的基础操作、元件库绘制、原理图绘制和 PCB 绘制。

  全书共 6 章。第 1 章为 Altium Designer 简介和基础操作，使读者对 Altium Designer 有一个整体的认知。第 2～6 章，主要讲解机器人 PCB 设计实例，包括六足机器人 PCB 设计实例、双足机器人 PCB 设计实例、遥控小车机器人 PCB 设计实例、循迹机器人 PCB 设计实例和避障机器人 PCB 设计实例，每章都包括整体设计思路、元件库绘制、原理图绘制和 PCB 绘制的详细过程，保证了每章的完整性。

  学习本书可以有 3 种方式：①按照本书的章节顺序学习，学完一章，绘制一个 PCB 实例；②先学习第 1 章，掌握 Altium Designer 的基础操作，然后学习第 2 章，完整地绘制六足机器人 PCB，最后将双足机器人 PCB 设计实例、遥控小车机器人 PCB 设计实例、循迹机器人 PCB 设计实例和避障机器人 PCB 设计实例中的元件库绘制、原理图绘制和 PCB 绘制等小节分别合并，作为专项练习；③对于有一定基础的读者，可以先统一将本书用到的元件绘制出来，再逐一练习绘制机器人 PCB。另外，本书为不易描述的操作配置了二维码，使用手机扫描二维码即可观看小视频。也可以在优酷视频中搜索用户"玩转机器人——刘波"并关注，观看"玩转机器人系列丛书"的教学小视频。

  "玩转机器人系列丛书"将引领读者 DIY 一个完整的机器人系统。如果把机器人比作人体系统，那么三维模型就是"骨骼"，PCB 就是"肌肉"，电路原理就是"神经"，程序就是"思想"。本书是"玩转机器人系列丛书"之一，讲解了如何 DIY 机器人的"肌肉"。《玩转机器人：基于 UG NX 的设计实例》和《玩转机器人：基于 Proteus 的电路原理仿真（移动视频版）》已经出版，分别讲解了如何 DIY 机器人的"骨骼"、"神经"和"思想"。读者可以将本书与其他"玩转机器人系列丛书"结合起来进行系统化的学习。本书取材广泛、内容新颖、实用性强，作为机器人 PCB 设计的入门级教程，全面介绍了机器人 PCB 的绘制过程，有利于零基础的读者学习。本书适用于对机器人 PCB 设计感兴趣或参加电子设计竞赛的人员，也可作为高等院校相关专业和职业培训的实验用书。

本书的顺利完稿离不开许多人的支持与帮助。首先，感谢李洁编辑在构思"玩转机器人系列丛书"和编著本书的过程中提供的帮助；其次，感谢同窗好友刘强、刘敬、韩涛、欧阳育星对本书提出的建议；最后，感谢天津科技大学的金霞和朱宇璇在机器人技术方面提供的技术支持。当然，还需要感谢我的家人，谢谢他们给予的支持与帮助。

由于编者水平有限，书中难免有不足之处，敬请读者批评指正！如果发现问题或错误，请与编者联系（刘波：1422407797@qq.com）。为了更好地向读者提供服务，以及方便广大电子和机器人爱好者进行交流，读者可以加入技术交流QQ群（玩转机器人&电子设计：211503389）。

由于本书中的元器件符号和单位是由软件直接输出的，所以部分元器件符号和单位不是最新标准，请读者在使用时以最新元器件符号和单位为准。

编者

2020年02月29日

CONTENTS

第1章 Altium Designer 简介和基础操作

1.1 Altium Designer 简介 …………………… 1
1.2 新建工程文件 …………………………… 3
    1.2.1 新建原理图 ………………………… 3
    1.2.2 新建 PCB ………………………… 12
1.3 新建库文件 …………………………… 18
    1.3.1 新建原理图库 ……………………… 18
    1.3.2 新建 PCB 元件库 ………………… 19
1.4 语言环境切换 ………………………… 21
    1.4.1 将中文环境切换为英文环境 …… 21
    1.4.2 将英文环境切换为中文环境 …… 23

第2章 六足机器人 PCB 设计实例

2.1 整体设计思路 ………………………… 25
2.2 元件库绘制 …………………………… 28
    2.2.1 Arduino Uno 转接板元件库 …… 28
    2.2.2 LM317 元件库 …………………… 45
    2.2.3 LM7805 元件库 ………………… 53
    2.2.4 PCA9685 元件库 ………………… 56
    2.2.5 拨动开关元件库 ………………… 61
    2.2.6 微动开关元件库 ………………… 65
    2.2.7 接线端子元件库 ………………… 71
    2.2.8 直插式 LED 元件库 …………… 74
    2.2.9 陶瓷电容元件库 ………………… 76
    2.2.10 电解电容元件库 ………………… 79
2.3 原理图绘制 …………………………… 81
    2.3.1 电源电路 ………………………… 81
    2.3.2 单片机最小系统电路 …………… 84
    2.3.3 独立按键电路 …………………… 85
    2.3.4 指示灯电路 ……………………… 85
    2.3.5 PWM 电路 ……………………… 86
    2.3.6 舵机电路 ………………………… 87
2.4 PCB 绘制 …………………………… 93
    2.4.1 布局 ……………………………… 93
    2.4.2 布线 ……………………………… 102
    2.4.3 敷铜 ……………………………… 117

第3章 双足机器人 PCB 设计实例

3.1 整体设计思路 ………………………… 122
3.2 元件库绘制 …………………………… 123
    3.2.1 Arduino NANO 转接板
          元件库 ……………………………… 123
    3.2.2 LM317 元件库（贴片）………… 127
    3.2.3 LM7805 元件库（贴片）……… 132
3.3 原理图绘制 …………………………… 138
    3.3.1 电源电路 ………………………… 138
    3.3.2 单片机最小系统电路 …………… 139
    3.3.3 独立按键电路 …………………… 140
    3.3.4 PWM 电路 ……………………… 140
    3.3.5 舵机电路 ………………………… 141
3.4 PCB 绘制 …………………………… 143
    3.4.1 布局 ……………………………… 143
    3.4.2 布线 ……………………………… 146
    3.4.3 敷铜 ……………………………… 152

第4章 遥控小车机器人 PCB 设计实例

4.1 整体设计思路 ………………………… 158
4.2 元件库绘制 …………………………… 159
    4.2.1 AT89S51 单片机元件库 ……… 159
    4.2.2 L298N 元件库 …………………… 164
    4.2.3 晶振元件库 ……………………… 168
    4.2.4 无线模块元件库 ………………… 170

4.2.5　LM1117-3.3 元件库 ………… 175
4.3　遥控小车机器人本体原理图绘制 …… 179
　　4.3.1　电源电路（本体） …………… 179
　　4.3.2　单片机最小系统电路
　　　　　（本体） ……………………… 180
　　4.3.3　指示灯电路 …………………… 181
　　4.3.4　无线模块电路 ………………… 182
　　4.3.5　电动机驱动电路 ……………… 182
4.4　遥控小车机器人本体 PCB 绘制 …… 183
　　4.4.1　布局 …………………………… 183
　　4.4.2　布线 …………………………… 186

4.4.3　敷铜 …………………………… 189
4.5　遥控小车机器人遥控器原理图绘制 … 192
　　4.5.1　电源电路（遥控器） ………… 192
　　4.5.2　单片机最小系统电路
　　　　　（遥控器） …………………… 193
　　4.5.3　无线模块电路 ………………… 194
　　4.5.4　独立按键电路 ………………… 195
4.6　遥控小车机器人遥控器 PCB 绘制 … 195
　　4.6.1　布局 …………………………… 195
　　4.6.2　布线 …………………………… 197
　　4.6.3　敷铜 …………………………… 201

第 5 章　循迹机器人 PCB 设计实例

5.1　整体设计思路 ……………………… 205
5.2　元件库绘制 ………………………… 206
　　5.2.1　STC89C51 单片机元件库 …… 206
　　5.2.2　TCRT5000 元件库 …………… 211
　　5.2.3　LM393 元件库 ……………… 215
　　5.2.4　可调电阻元件库 ……………… 219
5.3　循迹机器人主控原理图绘制 ……… 223
　　5.3.1　电源电路 ……………………… 223
　　5.3.2　单片机最小系统电路 ………… 224
　　5.3.3　电动机驱动电路 ……………… 224

5.4　循迹机器人主控 PCB 绘制 ………… 226
　　5.4.1　布局 …………………………… 226
　　5.4.2　布线 …………………………… 229
　　5.4.3　敷铜 …………………………… 233
5.5　循迹传感器电路原理图绘制 ……… 237
　　5.5.1　电源电路 ……………………… 237
　　5.5.2　电压比较器电路 ……………… 238
5.6　循迹传感器电路 PCB 绘制 ………… 240
　　5.6.1　布局 …………………………… 240
　　5.6.2　布线 …………………………… 242
　　5.6.3　敷铜 …………………………… 246

第 6 章　避障机器人 PCB 设计实例

6.1　整体设计思路 ……………………… 250
6.2　元件库绘制 ………………………… 251
　　6.2.1　STM32F103 单片机元件库 …… 251
　　6.2.2　DRV8870 元件库 ……………… 256
　　6.2.3　REF3033 元件库 ……………… 259
　　6.2.4　AMS1117 元件库 ……………… 266
6.3　原理图绘制 ………………………… 270
　　6.3.1　电源电路 ……………………… 270
　　6.3.2　单片机最小系统电路 ………… 272

6.3.3　超声波传感器电路 …………… 274
6.3.4　独立按键电路 ………………… 275
6.3.5　舵机电路 ……………………… 275
6.3.6　光电传感器电路 ……………… 276
6.3.7　电动机驱动电路 ……………… 277
6.4　PCB 绘制 …………………………… 279
　　6.4.1　布局 …………………………… 279
　　6.4.2　布线 …………………………… 286
　　6.4.3　敷铜 …………………………… 295

参考文献

第1章 Altium Designer 简介和基础操作

1.1 Altium Designer 简介

随着科学技术的高速发展，20 世纪末计算机已广泛应用于各领域。1988 年美国 ACCEL Technologies Inc 推出了第一个应用于电子电路设计的软件包 TANGO，这个软件包开创了 EDA 的先河。随着电子电路产业的不断发展，EDA 软件也得到了相应的发展。Altium Designer 作为 Protel 的"高级版"，被科研工作者、中小型企业和学生广泛使用，因此 Altium Designer 是最受欢迎的 EDA 软件之一。Altium Designer 具有数据共享、3D PCB 设计、FPGA 设计、多边形敷铜、光标捕获和电路分析等功能。

1. Altium Designer 的优势

与以前的 Protel 版本相比，Altium Designer 具有以下优势。

（1）提供了布线的新工具。

高速设备的切换和信息技术的发展，需要将布线处理成电路的组成部分，而不是"理想的相互连接"。需要全面地将信号完整性分析工具组合使用，才能确保信号可以及时同步地到达。通过灵活的总线拖动、引脚和零件的互换，以及 BGA 逃溢布线，可以轻松地完成布线工作。

（2）为复杂的板间设计提供了良好的设计环境。

Altium Designer 具有 Shader Model 3 的 DirectX 图形功能，可以大大提高 PCB 的编辑效率。在 PCB 的底侧工作时，只要从菜单中选择"翻转板子"命令，就可以像在 PCB 的顶侧一样工作。通过优化的嵌入式技术，可以完全控制设计中所有多边形敷铜管理器、PCB 中的插槽、PCB 层集和动态视图管理选项的协同工作，从而提供更高效率的设计环境。Altium Designer 具有智能粘贴功能，不仅可以将网络标签转移到端口，还可以使用文件编辑和自动创建命令简化从旧工具中转移设计的步骤，使其成为一个更好的设计环境。

（3）提供了高级元件库管理。

元件库是有价值的设计源，它为用户提供了丰富的原理图库和 PCB 元件库，并且为设计新的元件提供了封装向导程序，简化了封装的设计过程。随着技术的发展，用户需要利用公司数据库对元件库进行栅格化。当数据库链接提供从 Altium Designer 返回数据库的接口时，新的数据库就会新增很多功能，用户可以直接将数据放到电路图中。新的元件识别系统可以管理元件到元件库的关系，覆盖区管理工具可以提供项目范围的覆盖区控制，这样，便于提供更好的元件管理的解决方案。

（4）增强了电路分析功能。

为了提高 PCB 的设计成功率，Altium Designer 中的 PSPICE 模型、功能和变量支持，以及灵活的新配置选项，增强了混合信号模拟功能。在完成电路设计后，可对其进行必要的电路仿真，观察观测点信号是否符合设计要求，从而提高设计的成功率，并大大缩短开发周期。

（5）统一的光标捕获系统。

Altium Designer 的 PCB 编辑器提供了良好的栅格定义系统，通过可视栅格、捕获栅格、元件栅格和电气栅格等，可以有效地将设计对象放置到 PCB 设计环境中。Altium Designer 统一的光标捕获系统已经达到了新的水平，汇集了 3 个不同的子系统，这 3 个子系统共同驱动，使光标捕获最优的坐标集。①用户可以自行定义栅格大小；②直角坐标和极坐标之间可以相互切换；③光标可以自动定位热点位置。采用合适的方式，将这些功能组合起来，就可以轻松地在 PCB 工作区放置和排列对象。

（6）增强了多边形敷铜管理器的功能。

Altium Designer 的多边形敷铜管理器提供了更强大的功能，它提供了关于管理 PCB 中所有多边形敷铜的附加功能。附加功能包括创建新的多边形敷铜、访问对话框的相关属性、删除多边形敷铜等，丰富了多边形敷铜管理器的内容，并将多边形敷铜管理器的整体功能提升到了新高度。

（7）具有强大的数据共享功能。

Altium Designer 完全兼容 Protel 以前版本的设计文件，并提供了对 Protel 99 SE 下创建的 DDB 和库文件的导入功能，同时还增加了对 P-CSD、OrCAD 等软件的设计文件和库文件的导入功能。Altium Designer 的智能 PDF 向导可以帮助用户把整个项目或选定的设计文件打包成可移植的 PDF 文档，这样可以增强团队之间的灵活合作。

（8）全新的 FPGA 设计功能。

Altium Designer 与微处理器结合，可以充分利用大容量 FPGA 器件的潜能，更快地开发出更加智能的产品。通过 Altium Designer 设计的可编程硬件元素，不用进行重大改动即可重新定位到不同的 FPGA 器件中，设计师不会受到特定 FPGA 厂商或系列器件的约束。使用 Altium Designer 进行设计无须对每个采用不同处理器或 FPGA 器件的项目更换不同的设计工具，因此可以节省成本，保证了设计师在同时进行不同项目时的高效性。

（9）支持 3D PCB 设计。

Altium Designer 全面支持 STEP 格式，可以与 MCAD 工具无缝连接；可以根据外壳的 STEP 模型生成 PCB 外框，减少中间步骤，使 STEP 模型与 PCB 的配合更加准确；3D 实时可视化使设计充满了乐趣；利用器件体生成复杂的 3D 器件模型，解决了器件建模的问题；支持圆柱体器件设计或球形器件设计；实时监测 3D 安全间距，在设计初期就可以解决装配问题；在原生 3D 环境中，可以精确测量电路板布局；在 3D 编辑状态下，可以实时展现电路板与外壳的匹配情况，将设计意图清晰地传达给制造厂商。

（10）支持 XSIGNALS WIZARD USB 3.0。

Altium Designer 支持 USB 3.0 技术，使用 USB 3.0 技术可以将高速设计流程自动化，并生成精确的电路板布局；可以提高电路板的实际设计效率，有利于快速印制电路板。

2．Altium Designer 对操作系统的要求

Altium Designer 对操作系统的要求比较高。最好采用 Windows 2003、Windows 7 或版本更高的操作系统。

（1）推荐计算机最佳性能配置。

① CPU：英特尔® 酷睿™2 双核/四核 2.66GHz 或同等或更快的处理器。

② 内存：2GB 或更大的内存。

③ 硬盘：80GB 或更大的硬盘空间。

④ 显卡：256MB 独立显卡。

⑤ 显示器：分辨率不低于 1152 像素×864 像素。

（2）最低计算机性能配置。

① CPU：英特尔® 奔腾™ 1.8GHz 或同等处理器。

② 内存：256MB 内存。

③ 硬盘：20GB 硬盘空间。

④ 显卡：128MB 独立显卡。

⑤ 显示器：分辨率不低于 1024 像素×768 像素。

1.2 新建工程文件

1.2.1 新建原理图

执行"开始"→"所有程序"→"Altium"命令，启动 Altium Designer。快捷方式所在位置如图 1-2-1 所示。由于操作系统不同，所以快捷方式的位置可能会略有变化。Altium Designer 的启动界面如图 1-2-2 所示。Altium Designer 启动完成后，Altium Designer 主窗口如图 1-2-3 所示。

图 1-2-1 快捷方式所在位置

图 1-2-2 Altium Designer 的启动界面

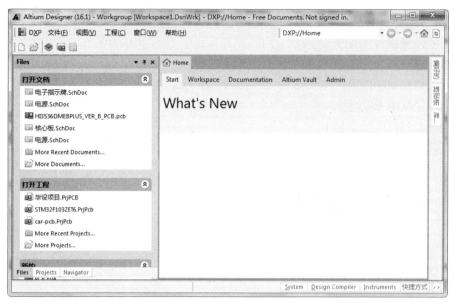

图 1-2-3　Altium Designer 主窗口

执行"文件"→"New"→"原理图"命令，Altium Designer 主窗口中的"Projects"窗格中出现"Sheet1.SchDoc"选项，如图 1-2-4 所示，表示原理图已经新建完成。

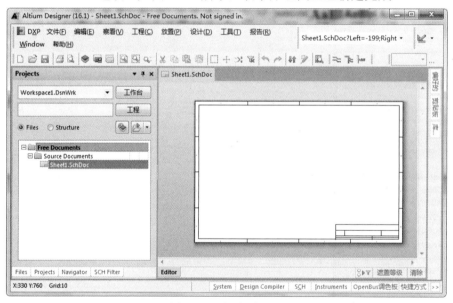

图 1-2-4　新建原理图

鼠标左键主要用于选中命令或者元件；鼠标右键主要用于拖动当前原理图图纸或者调出子菜单；鼠标滚轮向前滚动可以向上移动原理图图纸；鼠标滚轮向后滚动可以向下移动原理图图纸；按住鼠标滚轮并向前移动鼠标可以放大原理图图纸；按住鼠标滚轮并向后移动鼠标可以缩小原理图图纸。

Altium Designer 在处理不同类型的文件时，主菜单栏的内容也会发生相应的变化。原理图编辑环境中的主菜单栏如图 1-2-5 所示，通过主菜单栏可以完成所有对原理图的编辑操作。

图 1-2-5　原理图编辑环境中的主菜单栏

执行"察看"→"Toolbars"命令并勾选"原理图标准"复选框,打开原理图标准工具栏,如图 1-2-6 所示,读者可以使用原理图标准工具栏中的工具对当前原理图文件进行操作,如打印、复制、粘贴和查找等。执行"察看"→"Toolbars"命令并取消勾选"原理图标准"复选框,可以关闭原理图标准工具栏,一般不选择关闭原理图标准工具栏。

图 1-2-6　原理图标准工具栏

执行"察看"→"Toolbars"命令并勾选"布线"复选框,可以打开布线工具栏,如图 1-2-7 所示,读者可以使用布线工具栏中的工具进行放置元器件、电源、地、端口、图纸符号和网络标签等操作。执行"察看"→"Toolbars"命令并取消勾选"布线"复选框,可以关闭布线工具栏,一般不选择关闭布线工具栏。

图 1-2-7　布线工具栏

执行"察看"→"Toolbars"命令并勾选"实用"复选框,可以打开实用工具栏,如图 1-2-8 所示,实用工具栏包括实用工具箱、排列工具箱、电源工具箱和栅格工具箱。实用工具箱用于在原理图中绘制需要的标注信息;排列工具箱用于对原理图中的元器件的位置进行调整和排列;电源工具箱给出了在原理图绘制过程中可能会用到的各种电源符号;栅格工具箱用于完成栅格操作。执行"察看"→"Toolbars"命令并取消勾选"实用"复选框,可以关闭实用工具栏,一般不选择关闭实用工具栏。

图 1-2-8　实用工具栏

为了使读者了解如何使用原理图环境中的工具或命令,下面讲解如何利用原理图环境中的工具或命令绘制原理图。执行"放置"→"器件"命令,弹出"放置端口"对话框,如图 1-2-9 所示。单击"放置端口"对话框中的"选择"按钮,弹出"浏览库"对话框,如图 1-2-10 所示。

图 1-2-9　"放置端口"对话框

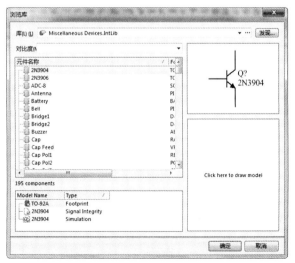

图 1-2-10　"浏览库"对话框

在"浏览库"对话框中选择 Header 2 元件,如图 1-2-11 所示。单击"浏览库"对话框中的"确定"按钮，返回"放置端口"对话框，如图 1-2-12 所示。单击"放置端口"对话框中的"确定"按钮，将 Header 2 元件放置在图纸上。Header 2 元件如图 1-2-13 所示。选中 Header 2 元件，按下空格键即可旋转 Header 2 元件，Header 2 元件的方向转换如图 1-2-14 所示。

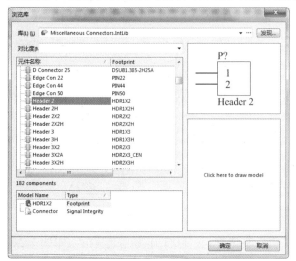

图 1-2-11 选择"Header 2"选项

图 1-2-12 "放置端口"对话框

图 1-2-13 Header 2 元件

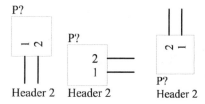

图 1-2-14 Header 2 元件的方向转换

采用同样的方式放置另外 3 个 Header 2 元件，也可以通过复制、粘贴操作放置另外 3 个 Header 2 元件。多个 Header 2 元件如图 1-2-15 所示。执行"放置"→"线"命令，可以将元件的引脚直接相连，4 个 Header 2 元件的引脚相连后的效果图如图 1-2-16 所示。

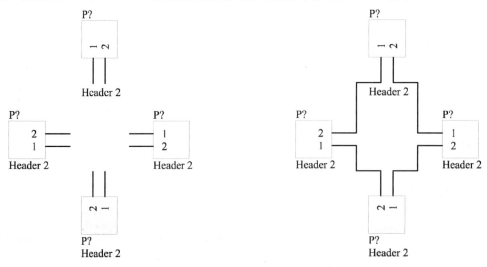

图 1-2-15 多个 Header 2 元件　　　　图 1-2-16 4 个 Header 2 元件的引脚相连后的效果图

执行"放置"→"器件"命令，放置 2 个 Header 5X2A 元件，如图 1-2-17 所示。通过总线将第 1 个 Header 5X2A 元件的引脚 6、引脚 7、引脚 8、引脚 9 和引脚 10 分别与第 2 个 Header 5X2A 元件的引脚 1、引脚 2、引脚 3、引脚 4 和引脚 5 相连。通过网络标号将第 1 个 Header 5X2A 元件的引脚 1、引脚 2、引脚 3、引脚 4 和引脚 5 分别与第 2 个 Header 5X2A 元件的引脚 6、引脚 7、引脚 8、引脚 9 和引脚 10 相连。

图 1-2-17 放置 2 个 Header 5X2A 元件

执行"放置"→"总线"命令,在 2 个 Header 5X2A 元件之间放置总线,如图 1-2-18 所示。

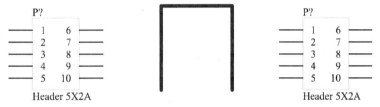

图 1-2-18 在 2 个 Header 5X2A 元件之间放置总线

执行"放置"→"网络标号"命令,并按下 Tab 键,弹出"网络标签"对话框,将"属性"选区中的"网络"命名为"DB[0..4]",如图 1-2-19 所示。设置完毕后,单击"网络标签"对话框中的"确定"按钮,并将网络标号放置在总线上,如图 1-2-20 所示。

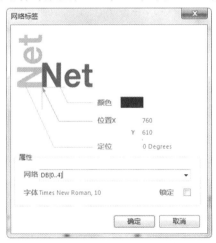

图 1-2-19 "网络标签"对话框 1

图 1-2-20 将网络标号放置在总线上

执行"放置"→"总线进口"命令,在总线的左侧和右侧分别放置5个总线入口,如图1-2-21所示。

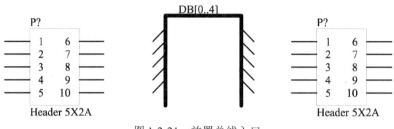

图1-2-21　放置总线入口

执行"放置"→"线"命令,将总线左侧的5个总线入口分别与第1个Header 5X2A元件的引脚6、引脚7、引脚8、引脚9和引脚10相连;执行"放置"→"线"命令,将总线右侧的5个总线入口分别与第2个Header 5X2A元件的引脚1、引脚2、引脚3、引脚4和引脚5相连;连接完成后的效果如图1-2-22所示。

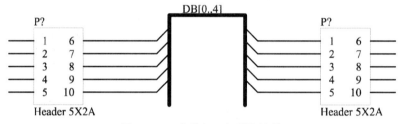

图1-2-22　总线入口与引脚连接

执行"放置"→"网络标号"命令,并按下Tab键,弹出"网络标签"对话框,将"属性"选区中的"网络"命名为"DB0",如图1-2-23所示。设置完毕后,单击"网络标签"对话框中的"确定"按钮,并将网络标号放置在总线左侧的第1个总线入口上,如图1-2-24所示,放置完毕后,网络标号会依次递增,然后将网络标号依次放置在总线左侧的其他总线入口上。总线右侧网络标号的放置方法与总线左侧网络标号的放置方法相同,放置完毕后的效果如图1-2-25所示。

图1-2-23　"网络标签"对话框2　　　　　图1-2-24　放置总线网络标号1

执行"放置"→"线"命令,先延长第1个Header 5X2A元件的引脚1,再延长第2个Header 5X2A元件的引脚6。执行"放置"→"网络标号"命令,然后按下Tab键,弹出"网络标签"

对话框,将"属性"选区中的"网络"命名为"A",将网络标号放置在第 1 个 Header 5X2A 元件的引脚 1 上;执行"放置"→"网络标号"命令,然后按下 Tab 键,弹出"网络标签"对话框,将"属性"选区中的"网络"命名为"A",将网络标号放置在第 2 个 Header 5X2A 元件的引脚 6 上,如图 1-2-26 所示。

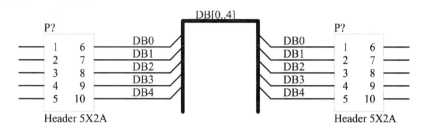

图 1-2-25 放置总线网络标号 2

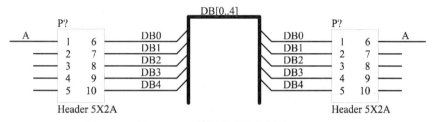

图 1-2-26 放置总线网络标号 3

至此,我们已经介绍了 3 种连接方式,直接连接、通过总线连接和通过网络标号连接。

小提示

◎ 扫描右侧二维码可观看网络标号的放置过程。

执行"工具"→"注释"命令,弹出"注释"对话框,如图 1-2-27 所示。单击"注释"对话框中的"更新更改列表"按钮,弹出"Information"对话框,单击"Information"对话框中的"OK"按钮,即可为当前元件自动标号,如图 1-2-28 所示。

图 1-2-27 "注释"对话框

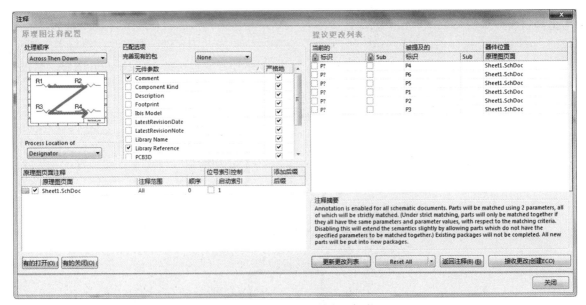

图 1-2-28　为当前元件自动标号

单击"注释"对话框中的"接收更改(创建 ECO)"按钮,弹出"工程更改顺序"对话框,如图 1-2-29 所示。单击"工程更改顺序"对话框中的"生效更改"按钮,在"检测"栏下方出现对钩,检测状态如图 1-2-30 所示。单击"工程更改顺序"对话框中的"执行更改"按钮,将在"完成"栏下方出现对钩,完成状态如图 1-2-31 所示。最后,依次单击各对话框的"关闭"按钮,所有元件的标号均更改完毕,如图 1-2-32 所示。

图 1-2-29　"工程更改顺序"对话框

第 1 章　Altium Designer 简介和基础操作　　*11*

图 1-2-30　检测状态

图 1-2-31　完成状态

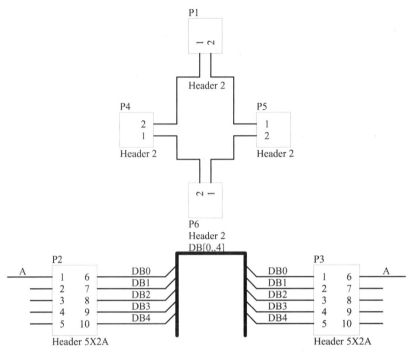

图 1-2-32　所有元件的标号均更改完毕

1.2.2　新建 PCB

执行"文件"→"New"→"PCB"命令，Altium Designer 主窗口中的"Projects"窗格中出现"PCB1.PcbDoc"选项，如图 1-2-33 所示，表示 PCB 已经新建完成。

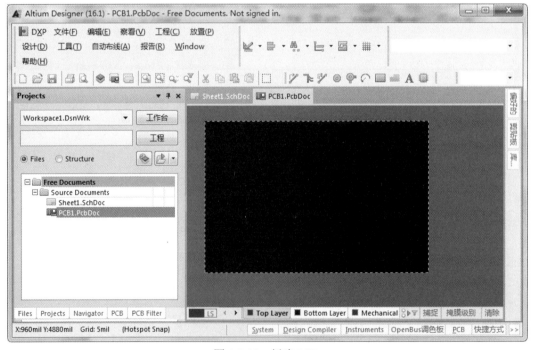

图 1-2-33　新建 PCB

Altium Designer 在处理不同类型的文件时，主菜单栏的内容也会发生相应的变化。PCB 编辑环境中的主菜单栏如图 1-2-34 所示，通过主菜单栏可以完成对 PCB 的所有编辑操作。

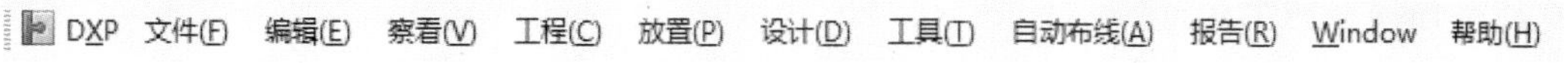

图 1-2-34　PCB 编辑环境中的主菜单栏

PCB 标准工具栏如图 1-2-35 所示，该工具栏提供了一些基本操作命令，如打印、缩放、快速定位、浏览元器件等。PCB 标准工具栏与原理图标准工具栏基本相同。

图 1-2-35　PCB 标准工具栏

布线工具栏如图 1-2-36 所示，该工具栏提供了在 PCB 设计中常用的图元放置命令，如焊盘、过孔、文本编辑等，以及几种布线方式，如交互式布线连接、交互式差分对连接、使用灵巧布线交互布线连接。

图 1-2-36　布线工具栏

过滤工具栏如图 1-2-37 所示，通过该工具栏可根据网络标号、元器件标号等过滤参数，使符合设置需求的图元在编辑窗口内高亮显示，明暗的对比度和亮度可以通过编辑窗口右下方的"屏蔽层"按钮进行调节。

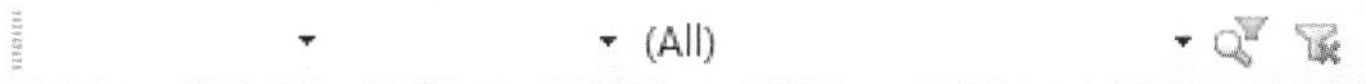

图 1-2-37　过滤工具栏

导航工具栏如图 1-2-38 所示，该工具栏用于指示当前页面的位置，通过导航工具栏中的"左"按钮、"右"按钮可以实现 Altium Designer 中所有打开的窗口之间的相互切换。

图 1-2-38　导航工具栏

板层标签如图 1-2-39 所示，板层标签用于切换 PCB 的工作层面，选中的板层的颜色将显示在板层标签的最前端。

图 1-2-39　板层标签

状态栏如图 1-2-40 所示，状态栏用于显示光标指向的位置的坐标值，光标指向的元器件的网络位置、所在板层和有关参数，以及编辑器当前的工作状态。

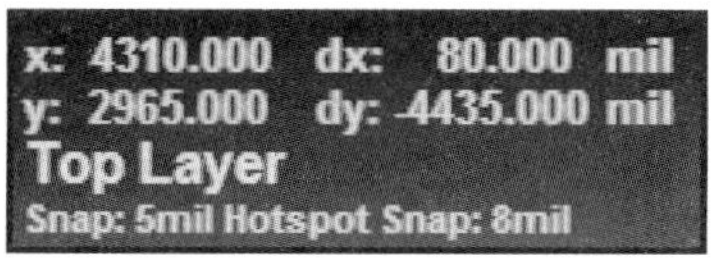

图 1-2-40　状态栏

还有另外一种新建 PCB 的方式，启动 Altium Designer，在 Altium Designer 主窗口（见图 1-2-41）左侧"Files"窗格（见图 1-2-42）的"从模板新建文件"下拉列表中选择"PCB Board Wizard"选项，弹出"PCB 板向导"对话框，如图 1-2-43 所示。

单击"PCB 板向导"对话框中的"一步"按钮,弹出"选择板单位"界面,如图 1-2-44 所示,本节选择英制单位,英制单位是 PCB 中最常用的一种度量单位。公制单位与英制单位之间的关系为 1mm≈39.3701mil。

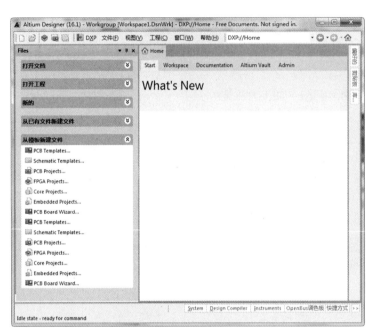

图 1-2-41 Altium Designer 主窗口   图 1-2-42 "Files"窗格

图 1-2-43 "PCB 板向导"对话框   图 1-2-44 "选择板单位"界面

单击"PCB 板向导"对话框中的"一步"按钮,弹出"选择板剖面"界面,如图 1-2-45 所示,系统提供了一些标准电路板的尺寸,用户可以根据设计要求,选择自己需要的电路板尺寸,本节选择"[Custom]"。

单击"PCB 板向导"对话框中的"一步"按钮,弹出"选择板详细信息"界面,如图 1-2-46 所示,用户可以自行设置 PCB 的各项参数,本节不勾选"切掉拐角"复选框和"切掉内角"复选框。

图 1-2-45 "选择板剖面"界面

图 1-2-46 "选择板详细信息"界面

- "外形形状"选区：该选区有 3 个单选按钮，分别是"矩形"、"圆形"和"定制的"，一般选择"矩形"单选按钮。
- "板尺寸"选区：上面提到的"外形形状"选区决定"板尺寸"选区的设置。当选择"矩形"单选按钮时，"板尺寸"选区就会出现两个文本框，分别是"宽度"文本框和"高度"文本框；当选择"圆形"单选按钮时，"板尺寸"选区只会出现一个文本框，可在文本框中输入圆形的半径；当选择"定制的"单选按钮时，"板尺寸"选区会出现两个文本框，分别是"宽度"和"高度"。可以在各文本框中输入合适的数值来确定 PCB 的尺寸。
- "尺寸层"下拉列表：单击"尺寸层"下拉列表右边的下拉按钮，可以选择用于尺寸标注的机械层。
- "边界线宽"文本框：一般采用系统的默认值。
- "尺寸线宽"文本框：一般采用系统的默认值。
- "与板边缘保持距离"文本框：一般设置为"100mil"。
- "标题块和比例"复选框：勾选该复选框，系统将在 PCB 图纸上添加标题栏和刻度栏。
- "图例串"复选框：勾选该复选框，系统将在 PCB 图纸上加入图标字符串，并放置在钻孔视图层，在输出 PCB 文件时会自动转换成钻孔列表信息。
- "尺寸线"复选框：选中该复选框，将在工作区显示 PCB 的尺寸标注线。
- "切掉拐角"复选框：选中该复选框后，单击"一步"按钮后会弹出"选择板切角加工"界面，如图 1-2-47 所示，在该界面可以完成对特殊板形的设计。
- "切掉内角"复选框：选中该复选框后，单击"一步"按钮后会弹出"选择板内角加工"界面，如图 1-2-48 所示，在该界面可以切除 PCB 内部的一个方形板块，以满足特殊板的设计要求。

单击"PCB 板向导"对话框中的"一步"按钮，弹出"选择板层"界面，如图 1-2-49 所示，在该界面可以设置信号层和电源层的层数。双面板的信号层一般为"Top Layer"（顶层）和"Bottom Layer"（底层）。

单击"PCB 板向导"对话框中的"一步"按钮，弹出"选择过孔类型"界面，如图 1-2-50 所示，该界面用于设置过孔。

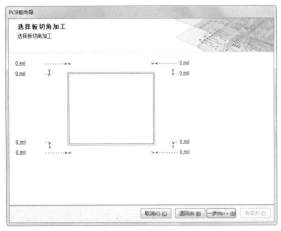

图1-2-47 "选择板切角加工"界面

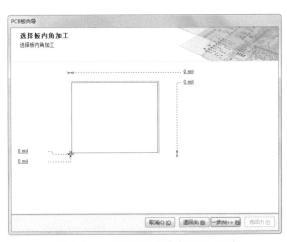

图1-2-48 "选择板内角加工"界面

图1-2-49 "选择板层"界面

图1-2-50 "选择过孔类型"界面

单击"PCB 板向导"对话框中的"一步"按钮,弹出"选择元件和布线工艺"界面,如图1-2-51 所示,该界面用于设置 PCB 是以表面装配元件为主的还是以通孔元件为主的。

单击"PCB 板向导"对话框中的"一步"按钮,弹出"选择默认线和过孔尺寸"界面,如图1-2-52 所示,该界面用于设置 PCB 的"最小轨迹尺寸"、"最小过孔宽度"、"最小过孔孔径大小"及"最小间隔"。

图1-2-51 "选择元件和布线工艺"界面

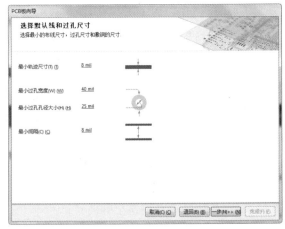

图1-2-52 "选择默认线和过孔尺寸"界面

单击"PCB 板向导"对话框中的"一步"按钮,弹出"板向导完成"界面,如图 1-2-53 所示,表示创建的 PCB 文件的各项设置已经完成。

图 1-2-53 "板向导完成"界面

单击"PCB 板向导"对话框中的"完成"按钮,Altium Designer 主窗口中出现"PCB1.PcbDoc"选项卡,如图 1-2-54 所示,表示 PCB 已经新建完成。

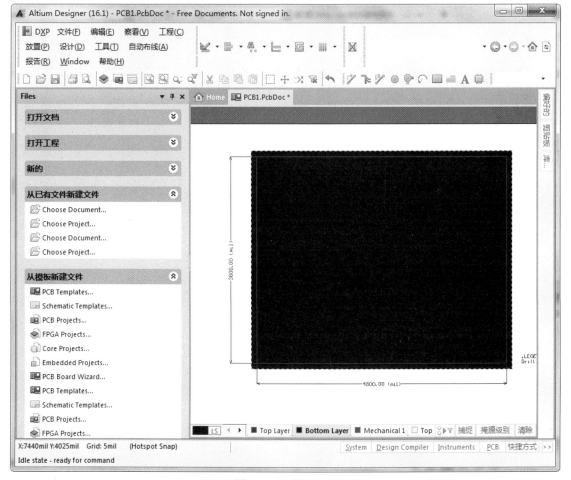

图 1-2-54 新建 PCB

1.3 新建库文件

1.3.1 新建原理图库

启动 Altium Designer，执行"文件"→"New"→"Library"→"原理图库"命令，则一个默认名为"Schlib1.SchLib"的原理图库文件被创建，同时原理图库编辑环境被启动，如图 1-3-1 所示。

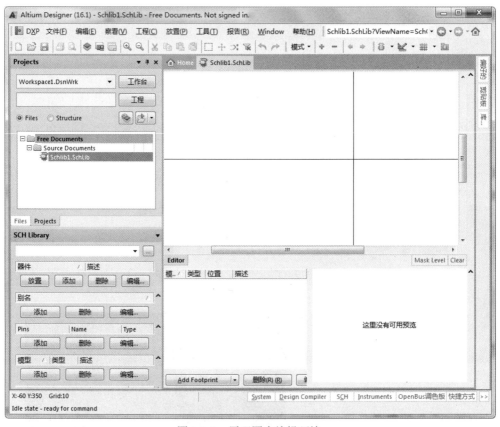

图 1-3-1 原理图库编辑环境

原理图库编辑环境中的主菜单栏如图 1-3-2 所示，通过对比可以看出，原理图库编辑环境中的主菜单栏与原理图编辑环境中的主菜单栏略有不同，通过主菜单栏可以完成所有对原理图库的编辑操作。

图 1-3-2 原理图库编辑环境中的主菜单栏

标准工具栏如图 1-3-3 所示，与原理图标准工具栏几乎一致，也可以使用户完成对当前文件的操作，如打印、复制、粘贴和查找等。

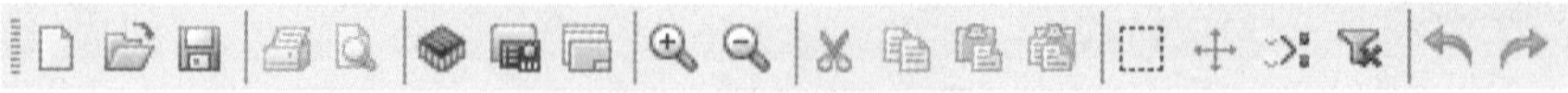

图 1-3-3 标准工具栏

模式工具栏如图 1-3-4 所示，可用于控制当前元器件的显示模式。

实用工具栏如图 1-3-5 所示，实用工具栏提供了两个重要的工具箱，即原理图符号绘制工具箱和 IEEE 符号工具箱，可用于绘制原理图符号。

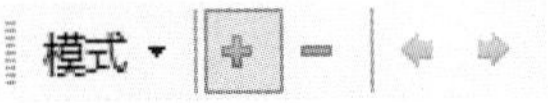

图 1-3-4　模式工具栏 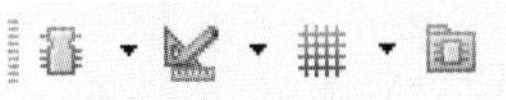　　　　　　　　　　图 1-3-5　实用工具栏

单击实用工具栏中的图标，则会弹出相应的原理图符号绘制工具箱，如图 1-3-6 所示，包括放置直线、放置曲线、放置文本框和产生器件等功能。

单击实用工具栏中的图标，则会弹出相应的 IEEE 符号工具箱，如图 1-3-7 所示，包括信号方向符号、阻抗状态符号和数字电路基本符号等。

图 1-3-6　原理图符号绘制工具箱

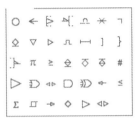

图 1-3-7　IEEE 符号工具箱

"SCH Library"窗格如图 1-3-8 所示，用于对原理图库的编辑操作进行管理。

图 1-3-8　"SCH Library"窗格

1.3.2　新建 PCB 元件库

启动 Altium Designer，执行"文件"→"New"→"Library"→"PCB 元件库"命令，一

个默认名为"PcbLib1.PcbLib"的 PCB 元件库文件被创建,同时 PCB 元件库编辑环境被启动,如图 1-3-9 所示。

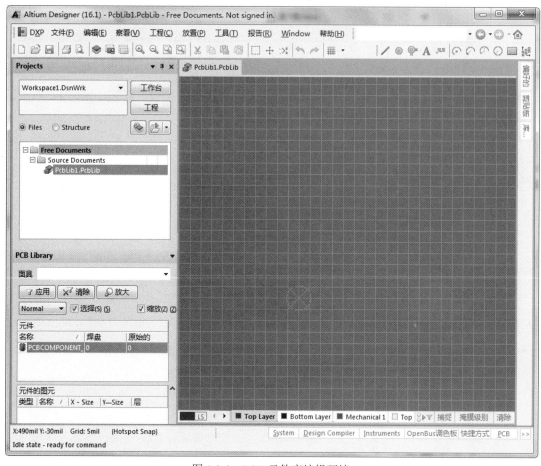

图 1-3-9 PCB 元件库编辑环境

PCB 元件库编辑环境中的主菜单栏如图 1-3-10 所示,通过主菜单栏可以完成所有对 PCB 元件库的编辑操作。

图 1-3-10 PCB 元件库编辑环境中的主菜单栏

PCB 元件库标准工具栏如图 1-3-11 所示,该工具栏提供了一些基本操作命令,如打印、缩放、快速定位、浏览元器件等。其与 PCB 原理图编辑环境中的 PCB 标准工具栏基本相同。

图 1-3-11 PCB 元件库标准工具栏

PCB 元件库放置栏如图 1-3-12 所示,该放置栏提供了焊盘、过孔、文本和线等的放置命令。

图 1-3-12 PCB 元件库放置栏

"PCB Library"窗格如图 1-3-13 所示,用于对 PCB 元件库的编辑操作进行管理。

图 1-3-13 "PCB Library"窗格

1.4 语言环境切换

1.4.1 将中文环境切换为英文环境

启动 Altium Designer,执行"DXP"→"参数选择"命令,弹出"参数选择"对话框,如图 1-4-1 所示。在"参数选择"对话框中执行"System"→"General"命令,进入"System-General"界面,如图 1-4-2 所示。

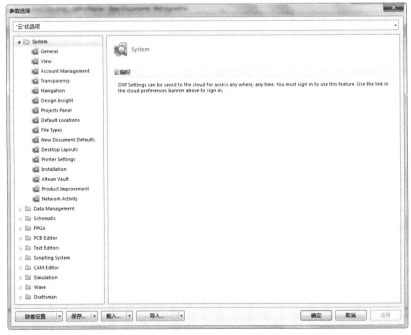

图 1-4-1 "参数选择"对话框

图 1-4-2 "System-General" 界面

取消勾选"使用本地资源"复选框,弹出"Warning"对话框,如图 1-4-3 所示。单击"Warning"对话框中的"OK"按钮,再单击"参数选择"对话框中的"确定"按钮,重新启动 Altium Designer 后即可将中文环境切换为英文环境,英文环境如图 1-4-4 所示。

图 1-4-3 "Warning" 对话框

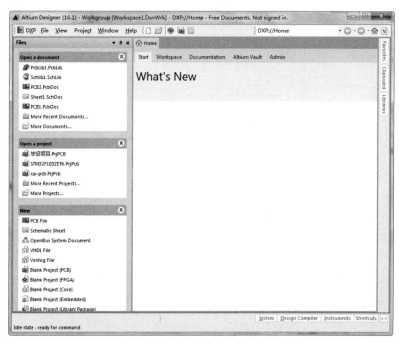

图 1-4-4 英文环境

1.4.2 将英文环境切换为中文环境

启动 Altium Designer,执行"DXP"→"Preference"命令,弹出"Preferences"对话框,如图 1-4-5 所示。

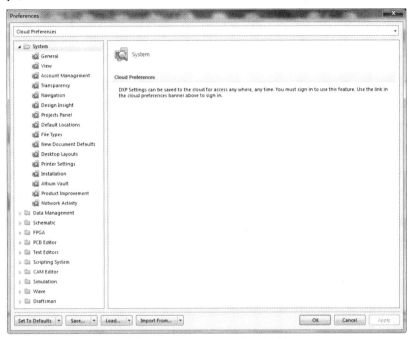

图 1-4-5 "Preferences"对话框

在"Preferences"对话框中执行"System"→"General"命令,进入"System-General"界面,如图 1-4-6 所示。

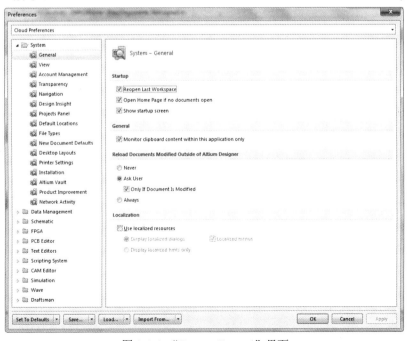

图 1-4-6 "System-General"界面

勾选"Use localized resources"复选框,弹出"Warning"对话框,如图 1-4-7 所示。单击"Warning"对话框中的"OK"按钮,再单击"Preferences"对话框中的"OK"按钮,重新启动 Altium Designer 后即可将英文环境切换为中文环境,中文环境如图 1-4-8 所示。

图 1-4-7 "Warning"对话框

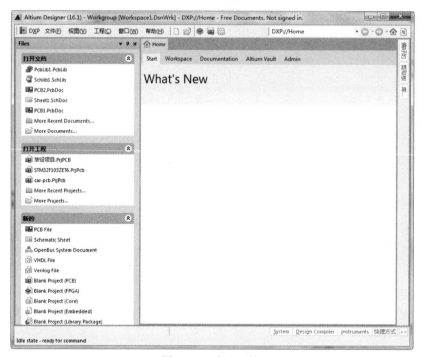

图 1-4-8 中文环境

第 2 章 六足机器人 PCB 设计实例

2.1 整体设计思路

六足机器人电路包括单片机最小系统电路、电源电路、PWM 电路、独立按键电路、指示灯电路和舵机电路。六足机器人电路的硬件系统框图如图 2-1-1 所示。

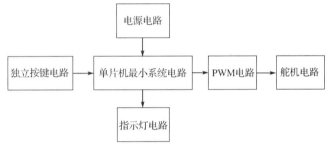

图 2-1-1 六足机器人电路的硬件系统框图

单片机最小系统电路可以选择 Arduino Uno 开发板。Arduino Uno 开发板是基于 ATmega328P 的 Arduino 开发板，有 14 个数字输入/输出引脚（其中 6 个可用于 PWM 输出）、6 个模拟输入引脚、1 个 16MHz 的晶体振荡器、1 个 USB 接口、1 个 DC 接口、1 个 ICSP 接口、1 个复位按钮。

电源电路需要提供 12V 电源网络和多路 6V 电源网络，主要元件可以选用 LM317 和 LM7805。

PWM 电路需要提供 18 路 PWM（六足机器人的每一足有 3 个关节，所以需要用 18 路 PWM 进行控制），主要元件可以选用 PCA9685。PCA9685 是一款基于 IIC 总线通信的 12 位精度 16 通道 PWM 波输出的芯片。

独立按键电路主要由独立按键组成，用于切换模式。

指示灯电路主要由数码管和发光二极管（LED）组成，数码管用于指示当前运行模式，LED 用于指示各部分电路的状态。

舵机电路主要由接插件排针组成，排针与舵机的信号线、电源线和地线相连。

本实例中涉及的元件尽量选择直插式封装，Altium Designer 中的元件库没有包含本实例需要使用的所有元件，因此需要自行绘制所需元件的原理图库和 PCB 元件库。

新建六足机器人 PCB 设计工程项目。执行"开始"→"所有程序"→"Altium"命令，启动 Altium Designer。Altium Designer 快捷方式所在位置如图 2-1-2 所示，由于操作系统不同，快捷方式的位置可能会略有变化。Altium Designer 启动界面如图 2-1-3 所示。Altium Designer 启动完毕后，其主窗口如图 2-1-4 所示。

图 2-1-2　Altium Designer 快捷方式所在位置

图 2-1-3　Altium Designer 启动界面

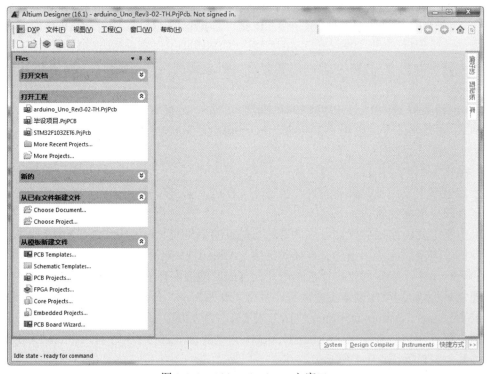

图 2-1-4　Altium Designer 主窗口

执行"文件"→"New"→"project"命令，弹出"New Project"对话框，在"Project Types"

列表框中选择"PCB Project"选项,在"Project Templates"列表框中选择"<Default>"选项,在"Name"文本框中输入"六足机器人",将"Location"设置为"E:\机器人\机器人 PCB\project\2",如图 2-1-5 所示。单击"New Project"对话框中的"OK"按钮,即可完成新建工程项目。"Projects"窗格中出现"六足机器人.PrjPcb"选项,如图 2-1-6 所示。

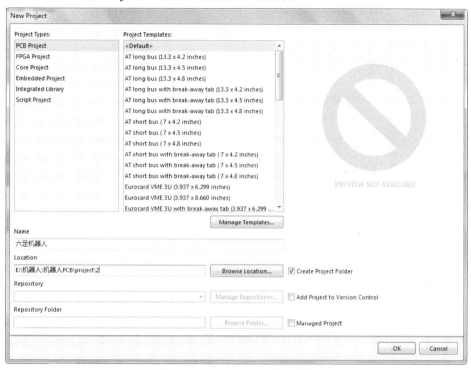

图 2-1-5 "New Project"对话框

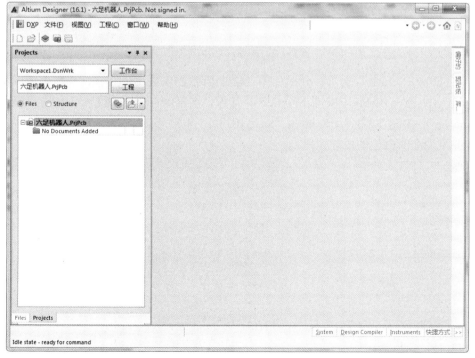

图 2-1-6 完成新建工程项目

2.2 元件库绘制

2.2.1 Arduino Uno 转接板元件库

执行"文件"→"New"→"Library"→"原理图库"命令，则一个默认名为"Schlib1.SchLib"的原理图库文件被创建，同时原理图库编辑环境被启动，如图 2-2-1 所示。

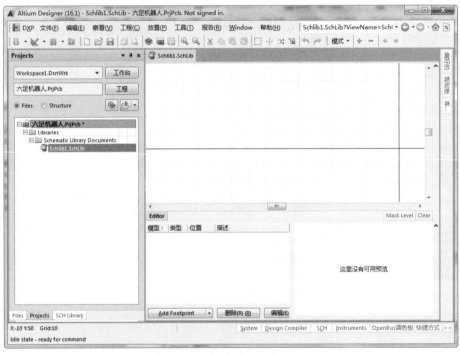

图 2-2-1 新建原理图库文件

右击"Schlib1.SchLib"选项，弹出如图 2-2-2 所示的快捷菜单。选择快捷菜单中的"保存为"选项，弹出"Save [Schlib1.SchLib] As..."对话框，将要保存的原理图库命名为"Arduino Uno 转接板.SchLib"，如图 2-2-3 所示。单击"Save [Schlib1.SchLib] As..."对话框中的"保存"按钮，即可保存并重命名新创建的原理图库。

图 2-2-2 快捷菜单

图 2-2-3 "Save [Schlib1.SchLib] As..."对话框

在绘制 Arduino Uno 转接板原理图库时，需要根据 Arduino Uno 开发板的各引脚进行编辑，Arduino Uno 开发板引脚示意图如图 2-2-4 所示。

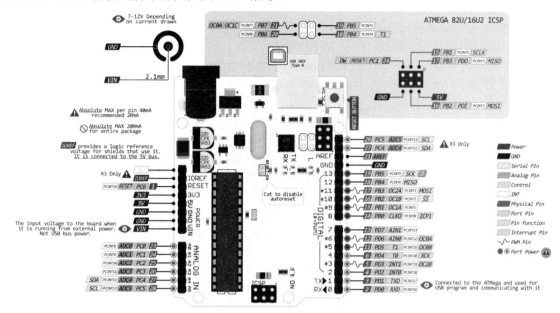

图 2-2-4　Arduino Uno 开发板引脚示意图

执行"放置"→"矩形"命令，并按下 Tab 键，弹出"长方形"对话框，其参数设置如图 2-2-5 所示。单击"长方形"对话框中的"确定"按钮，即可将矩形放置在图纸上，如图 2-2-6 所示。

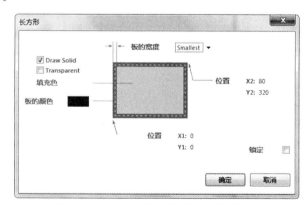

图 2-2-5　"长方形"对话框的参数设置　　　　图 2-2-6　将矩形放置在图纸上

执行"放置"→"引脚"命令，并按下 Tab 键，弹出"管脚属性"对话框，将"显示名字"设置为"PD0"，"标识"设置为"0"，如图 2-2-7 所示。单击"管脚属性"对话框中的"确定"按钮，即可将 PD 引脚放置在图纸上，在矩形右侧由下向上依次放置 8 个 PD 引脚，如图 2-2-8 所示。

执行"放置"→"引脚"命令，并按下 Tab 键，弹出"管脚属性"对话框，将"显示名字"设置为"PB0"，"标识"设置为"8"，如图 2-2-9 所示。单击"管脚属性"对话框中的"确定"按钮，即可将 PB 引脚放置在图纸上，在矩形右侧由下向上依次放置 5 个 PB 引脚，如图 2-2-10 所示。

执行"放置"→"引脚"命令，并按下 Tab 键，弹出"管脚属性"对话框，将"显示名字"设置为"GND"，"标识"设置为"14"，如图 2-2-11 所示。单击"管脚属性"对话框中的"确定"按钮，即可将 GND 引脚放置在图纸上，如图 2-2-12 所示。

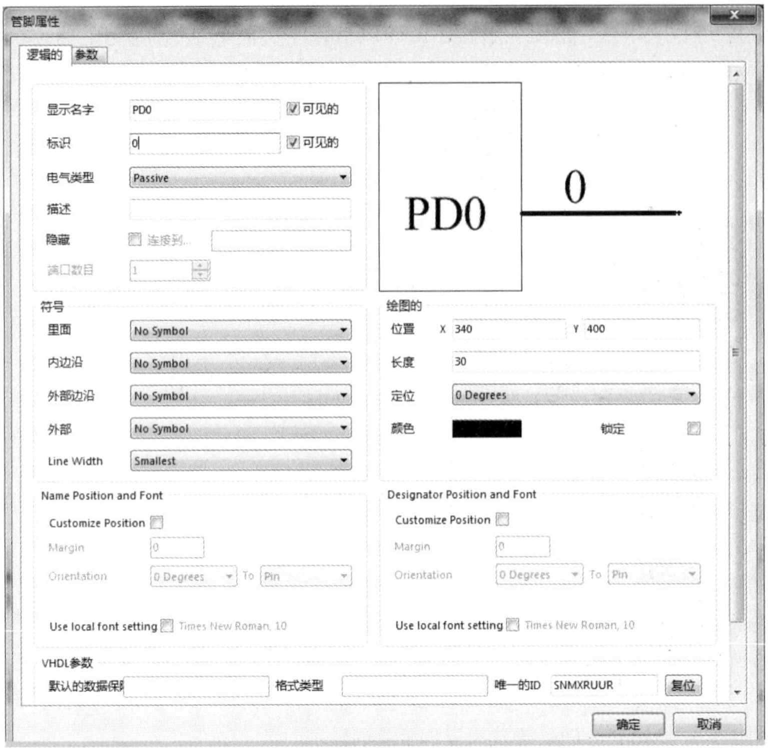

图 2-2-7 引脚 0 的"管脚属性"对话框

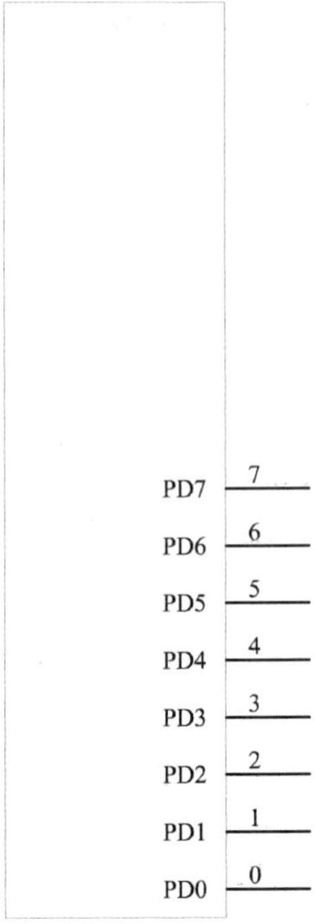

图 2-2-8 在矩形右侧由下向上依次放置 8 个 PD 引脚

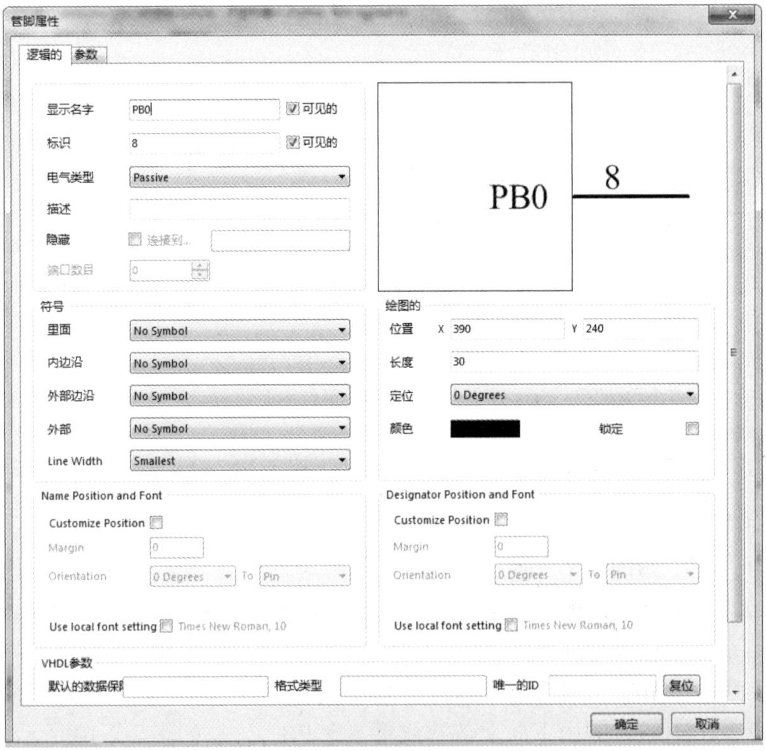

图 2-2-9 引脚 8 的"管脚属性"对话框

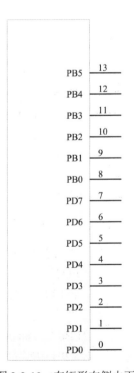

图 2-2-10 在矩形右侧由下向上依次放置 5 个 PB 引脚

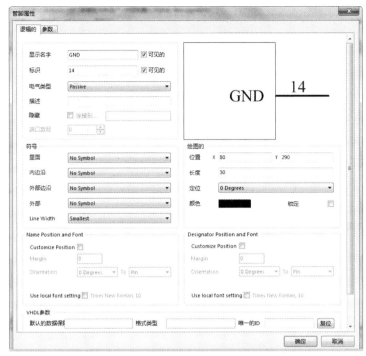
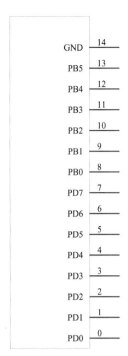

图 2-2-11　引脚 14 的"管脚属性"对话框　　　　图 2-2-12　在矩形右侧放置 GND 引脚

执行"放置"→"引脚"命令，并按下 Tab 键，弹出"管脚属性"对话框，将"显示名字"设置为"AREF"，"标识"设置为"15"，如图 2-2-13 所示。单击"管脚属性"对话框中的"确定"按钮，即可将 AREF 引脚放置在图纸上，如图 2-2-14 所示。

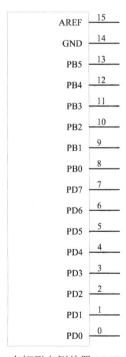

图 2-2-13　引脚 15 的"管脚属性"对话框　　　　图 2-2-14　在矩形右侧放置 AREF 引脚

执行"放置"→"引脚"命令，并按下 Tab 键，弹出"管脚属性"对话框，将"显示名字"设置为"PC4"，"标识"设置为"16"，如图 2-2-15 所示。单击"管脚属性"对话框中的"确定"按钮，即可将 PC 引脚放置在图纸上，在矩形左侧由上向下依次放置 2 个 PC 引脚，如图 2-2-16 所示。

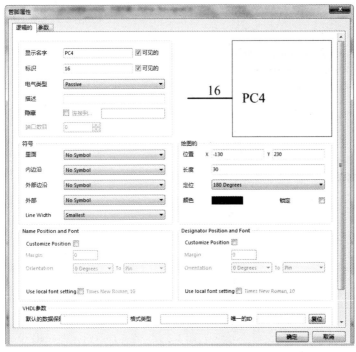

图 2-2-15 引脚 16 的"管脚属性"对话框

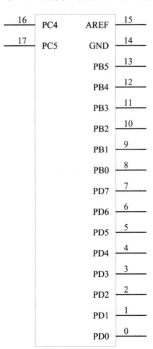

图 2-2-16 在矩形左侧由上向下依次放置 2 个 PC 引脚

执行"放置"→"引脚"命令，并按下 Tab 键，弹出"管脚属性"对话框，将"显示名字"设置为"NC"，"标识"设置为"18"，如图 2-2-17 所示。单击"管脚属性"对话框中的"确定"按钮，即可将 NC 引脚放置在图纸上，如图 2-2-18 所示。

图 2-2-17 引脚 18 的"管脚属性"对话框

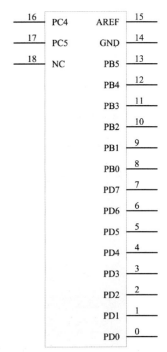

图 2-2-18 在矩形左侧放置 NC 引脚

执行"放置"→"引脚"命令，并按下 Tab 键，弹出"管脚属性"对话框，将"显示名字"设置为"IOREF"，"标识"设置为"19"，如图 2-2-19 所示。单击"管脚属性"对话框中的"确定"按钮，即可将 IOREF 引脚放置在图纸上，如图 2-2-20 所示。

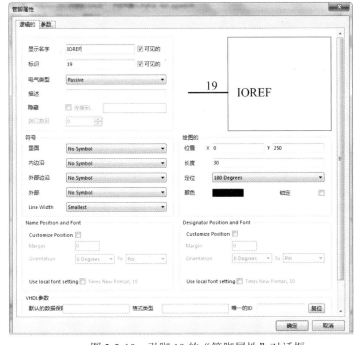

图 2-2-19　引脚 19 的"管脚属性"对话框　　　　图 2-2-20　在矩形左侧放置 IOREF 引脚

执行"放置"→"引脚"命令，并按下 Tab 键，弹出"管脚属性"对话框，将"显示名字"设置为"RESET"，"标识"设置为"20"，如图 2-2-21 所示。单击"管脚属性"对话框中的"确定"按钮，即可将 RESET 引脚放置在图纸上，如图 2-2-22 所示。

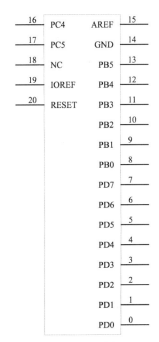

图 2-2-21　引脚 20 的"管脚属性"对话框　　　　图 2-2-22　在矩形左侧放置 RESET 引脚

执行"放置"→"引脚"命令，并按下 Tab 键，弹出"管脚属性"对话框，将"显示名字"设置为"3V3"，"标识"设置为"21"，如图 2-2-23 所示。单击"管脚属性"对话框中的"确定"按钮，即可将 3V3 引脚放置在图纸上，如图 2-2-24 所示。

图 2-2-23　引脚 21 的"管脚属性"对话框　　　　图 2-2-24　在矩形左侧放置 3V3 引脚

执行"放置"→"引脚"命令，并按下 Tab 键，弹出"管脚属性"对话框，将"显示名字"设置为"5V"，"标识"设置为"22"，如图 2-2-25 所示。单击"管脚属性"对话框中的"确定"按钮，即可将 5V 引脚放置在图纸上，如图 2-2-26 所示。

图 2-2-25　引脚 22 的"管脚属性"对话框　　　　图 2-2-26　在矩形左侧放置 5V 引脚

执行"放置"→"引脚"命令,并按下 Tab 键,弹出"管脚属性"对话框,将"显示名字"设置为"GND","标识"设置为"23",如图 2-2-27 所示。单击"管脚属性"对话框中的"确定"按钮,即可将 GND 引脚放置在图纸上,在矩形左侧由上向下依次放置 2 个 GND 引脚,如图 2-2-28 所示。

图 2-2-27 引脚 23 的"管脚属性"对话框

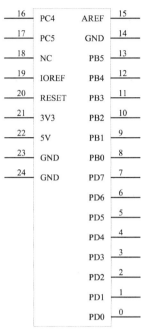

图 2-2-28 在矩形左侧由上向下依次放置 2 个 GND 引脚

执行"放置"→"引脚"命令,并按下 Tab 键,弹出"管脚属性"对话框,将"显示名字"设置为"VIN","标识"设置为"25",如图 2-2-29 所示。单击"管脚属性"对话框中的"确定"按钮,即可将 VIN 引脚放置在图纸上,如图 2-2-30 所示。

图 2-2-29 引脚 25 的"管脚属性"对话框

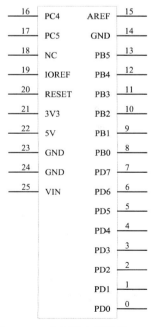

图 2-2-30 在矩形左侧放置 VIN 引脚

执行"放置"→"引脚"命令，并按下 Tab 键，弹出"管脚属性"对话框，将"显示名字"设置为"PC0"，"标识"设置为"26"，如图 2-2-31 所示。单击"管脚属性"对话框中的"确定"按钮，即可将 PC 引脚放置在图纸上，在矩形左侧由上向下依次放置 5 个 PC 引脚，如图 2-2-32 所示。

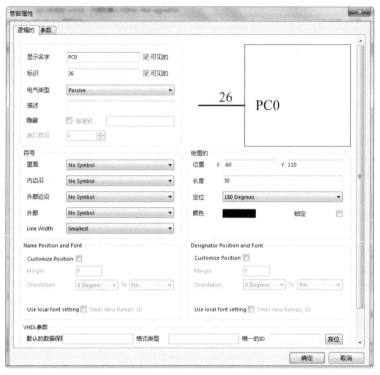

图 2-2-31　引脚 26 的"管脚属性"对话框　　　　图 2-2-32　在矩形左侧由上向下依次放置 5 个 PC 引脚

执行"工具"→"重新命名器件"命令，弹出"Rename Component"对话框，将新创建的原理图库命名为"Arduino Uno CON"，如图 2-2-33 所示。单击"Rename Component"对话框中的"确定"按钮，即可完成重命名。

图 2-2-33　"Rename Component"对话框

单击"SCH Library"窗格中器件栏的"编辑"按钮，弹出"Library Component Properties"对话框，将"Default Designator"设置为"U?"，"Default Comment"设置为"Arduino Uno CON"，如图 2-2-34 所示。单击"Library Component Properties"对话框中的"OK"按钮，即可完成 Arduino Uno 转接板原理图库的设置。

至此，Arduino Uno 转接板原理图库绘制完毕，如图 2-2-35 所示。

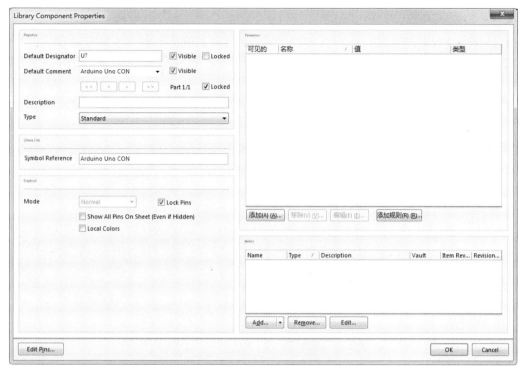

图 2-2-34 "Library Component Properties"对话框

图 2-2-35 Arduino Uno 转接板原理图库

小提示

◎ 扫描右侧二维码可观看 Arduino Uno 开发板引脚示意图的具体细节。

◎ 将 Arduino Uno 转接板原理图库放置在原理图图纸上才会出现"U?"和"Arduino Uno CON"。

执行"文件"→"New"→"Library"→"PCB元件库"命令,则一个默认名为"PcbLib1.PcbLib"的PCB元件库文件被创建,同时PCB元件库编辑环境被启动,如图2-2-36所示。

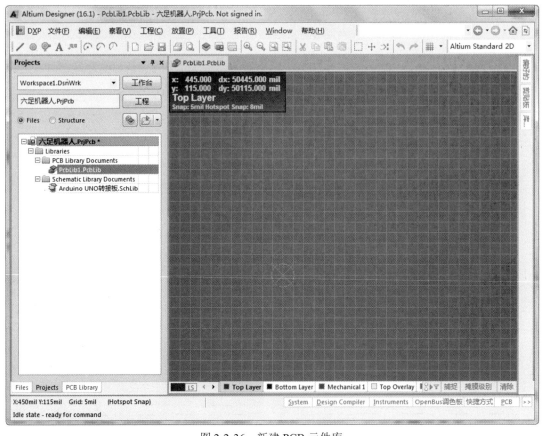

图2-2-36　新建PCB元件库

右击"PcbLib1.PcbLib"选项,弹出如图2-2-37所示的快捷菜单。选择快捷菜单中的"保存为"选项,弹出"Save [PcbLib1.PcbLib] As..."对话框,将要保存的PCB元件库命名为"Arduino Uno转接板.PcbLib",如图2-2-38所示。单击"Save [PcbLib1.PcbLib] As..."对话框中的"保存"按钮,即可保存并重命名新创建的PCB元件库。

图2-2-37　快捷菜单

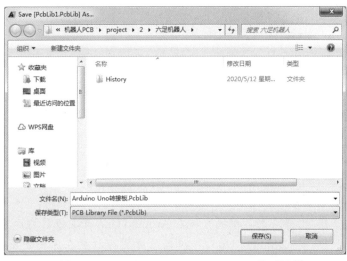

图2-2-38　"Save [PcbLib1.PcbLib] As..."对话框

绘制 Arduino Uno 转接板 PCB 元件库时，需要根据 Arduino Uno 开发板引脚示意图和 Arduino Uno 开发板 PCB 尺寸图进行绘制，Arduino Uno 开发板 PCB 尺寸图如图 2-2-39 所示（主要关注标注的尺寸即可）。

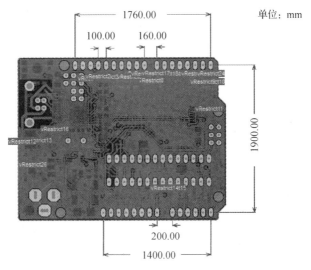

图 2-2-39 Arduino Uno 开发板 PCB 尺寸图

执行"工具"→"元器件向导"命令，弹出"Component Wizard"对话框，如图 2-2-40 所示，表示 PCB 器件向导已经启动。

单击"Component Wizard"对话框中的"一步"按钮，弹出"器件图案"界面，选择"Dual In-line Packages(DIP)"选项，将单位设置为 mil，如图 2-2-41 所示。

图 2-2-40 启动 PCB 器件向导　　　　　　　图 2-2-41 "器件图案"界面

单击"Component Wizard"对话框中的"一步"按钮，弹出"Define the pads dimensions"（定义焊盘尺寸）界面，将焊盘形状设置为椭圆形，长轴设置为"100mil"，短轴设置为"60mil"，孔径设置为"35mil"，如图 2-2-42 所示。

单击"元件向导"对话框中的"一步"按钮，弹出"Define the pads layout"（定义焊盘间距）界面，将相邻焊盘的横向间距设置为"1900mil"，纵向间距设置为"100mil"，如图 2-2-43 所示。

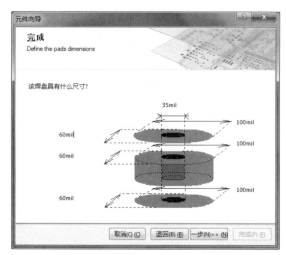

图 2-2-42　定义焊盘尺寸界面

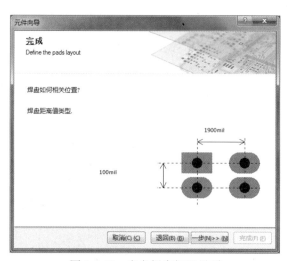

图 2-2-43　定义焊盘间距界面

单击"元件向导"对话框中的"一步"按钮,弹出"Define the outline width"(定义外框宽度)界面,将外框宽度设置为"30mil",如图 2-2-44 所示。

单击"元件向导"对话框中的"一步"按钮,弹出"设置焊盘数目"界面,将焊盘总数设置为"38",如图 2-2-45 所示。

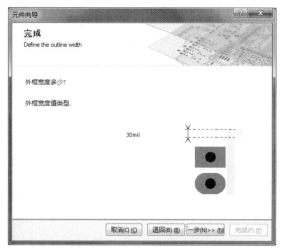

图 2-2-44　定义外框宽度界面

图 2-2-45　"设置焊盘数目"界面

单击"元件向导"对话框中的"一步"按钮,弹出"Set the component name"(元件命名)界面,将元件命名为"Arduino Uno CON",如图 2-2-46 所示。

单击"元件向导"对话框中的"一步"按钮,弹出完成任务界面,如图 2-2-47 所示。

单击"元件向导"对话框中的"完成"按钮,即可将绘制出的元件放置在图纸上,如图 2-2-48 所示。

通过 PCB 器件向导建立 PCB 元件库需要进行手动修改。标识 9 焊盘、标识 10 焊盘、标识 11 焊盘、标识 12 焊盘、标识 13 焊盘、标识 14 焊盘、标识 15 焊盘、标识 16 焊盘、标识 17 焊盘和标识 18 焊盘均下移 60mil,并删除标识 19 焊盘。修改左侧的焊盘标识,由上向下依次为标识 0 焊盘、标识 1 焊盘、标识 2 焊盘、标识 3 焊盘、标识 4 焊盘、标识 5 焊盘、标识 6 焊盘、标识 7 焊盘、标识 8 焊盘、标识 9 焊盘、标识 10 焊盘、标识 11 焊盘、标识 12 焊盘、标识 13 焊盘、标识 14 焊盘、标识 15 焊盘、标识 16 焊盘和标识 17 焊盘。

图 2-2-46　元件命名界面

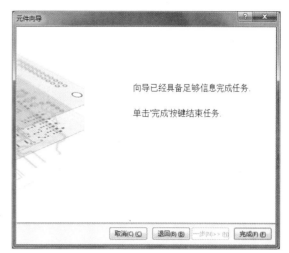
图 2-2-47　完成任务界面

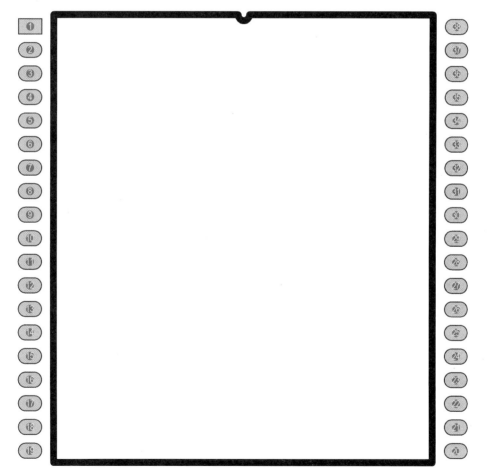
图 2-2-48　将绘制出的元件放置在图纸上

删除标识 20 焊盘、标识 21 焊盘、标识 22 焊盘、标识 23 焊盘和标识 32 焊盘。修改右侧的焊盘标识，由下向上依次为标识 18 焊盘、标识 19 焊盘、标识 20 焊盘、标识 21 焊盘、标识 22 焊盘、标识 23 焊盘、标识 24 焊盘、标识 25 焊盘、标识 26 焊盘、标识 27 焊盘、标识 28 焊盘、标识 29 焊盘、标识 30 焊盘和标识 31 焊盘。手动操作完毕的元件如图 2-2-49 所示。

执行"放置"→"字符串"命令,弹出"串"对话框,如图 2-2-50 所示,将文字高度设置为"100mil",文字宽度设置为"10mil",属性设置为"Arduino Uno",设置完毕后,单击"确定"按钮,即可将文字放置在元件上。

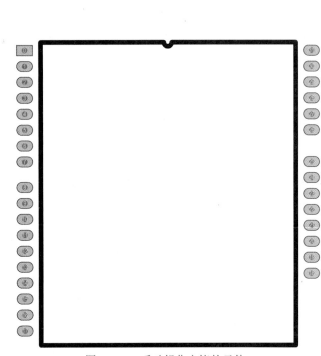

图 2-2-49 手动操作完毕的元件

图 2-2-50 "串"对话框

手动放置 Arduino Uno 转接板板型。执行"放置"→"走线"命令,在如图 2-2-49 所示元件四周绘制 4 条直线。双击第 1 条直线,其参数设置如图 2-2-51 所示。双击第 2 条直线,其参数设置如图 2-2-52 所示。双击第 3 条直线,其参数设置如图 2-2-53 所示。双击第 4 条直线,其参数设置如图 2-2-54 所示。

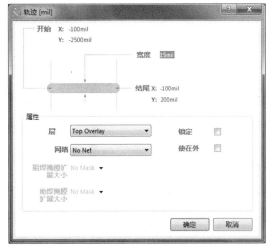

图 2-2-51 第 1 条直线的参数设置

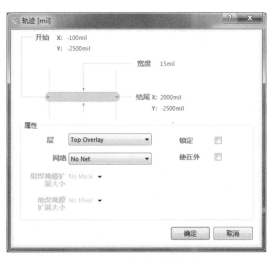

图 2-2-52 第 2 条直线的参数设置

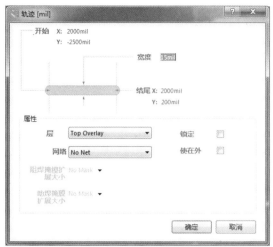
图 2-2-53　第 3 条直线的参数设置

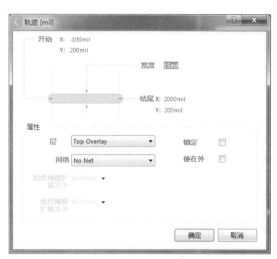
图 2-2-54　第 4 条直线的参数设置

至此，Arduino Uno 转接板 PCB 元件库绘制完毕，如图 2-2-55 所示。

需要将 Arduino Uno 转接板 PCB 元件库加载到 Arduino Uno 转接板原理图库中。切换至原理图库绘制环境，单击"SCH Library"窗格中模型栏的"添加"按钮，弹出"添加新模型"对话框，将"模型种类"设置为"Footprint"，如图 2-2-56 所示。单击"添加新模型"对话框中的"确定"按钮，弹出"PCB 模型"对话框，如图 2-2-57 所示。单击"PCB 模型"对话框中的"浏览"按钮，弹出"浏览库"对话框，将"库"设置为"Arduino Uno 转接板.PcbLib"，如图 2-2-58 所示。

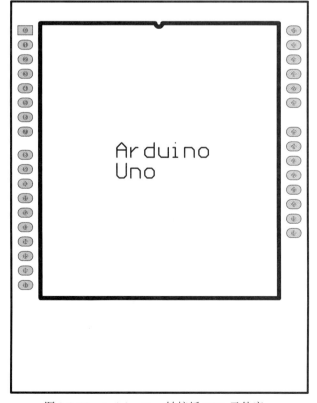
图 2-2-55　Arduino Uno 转接板 PCB 元件库

图 2-2-56　"添加新模型"对话框

图 2-2-57 "PCB 模型"对话框

图 2-2-58 "浏览库"对话框

单击"浏览库"对话框中的"确定"按钮,返回"PCB 模型"对话框,如图 2-2-59 所示。单击"PCB 模型"对话框中的"inMap"按钮,弹出"模型图"对话框,使"元件管脚标号"与"模型管脚标号"相互匹配,如图 2-2-60 所示。

图 2-2-59 设置完库的"PCB 模型"对话框   图 2-2-60 "模型图"对话框

单击"模型图"对话框中的"确定"按钮,再单击"PCB 模型"对话框中的"确定"按钮,"SCH Library"窗格如图 2-2-61 所示,封装已经加载完毕。至此,Arduino Uno 转接板元件库绘制完成。

图 2-2-61 "SCH Library"窗格

2.2.2 LM317 元件库

执行"文件"→"New"→"Library"→"原理图库"命令，将新创建的原理图库保存并命名为"LM317.SchLib"。在绘制 LM317 原理图库时，需要查看 LM317 数据手册，LM317 引脚示意图如图 2-2-62 所示。

执行"放置"→"矩形"命令，并按下 Tab 键，弹出"长方形"对话框，其参数设置如图 2-2-63 所示，单击"确定"按钮，即可将矩形放置在图纸上。

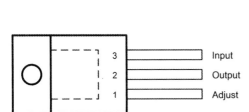

图 2-2-62 LM317 引脚示意图

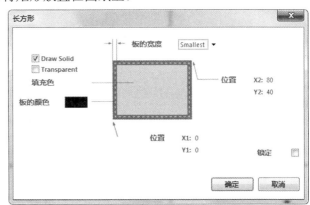

图 2-2-63 "长方形"对话框的参数设置

执行"放置"→"引脚"命令，并按下 Tab 键，弹出"管脚属性"对话框，将"显示名字"设置为"Adjust"，"标识"设置为"1"，如图 2-2-64 所示，单击"确定"按钮，即可完成引脚属性设置，将引脚 1 放置在矩形的下方，如图 2-2-65 所示。

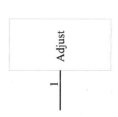

图 2-2-64 引脚 1 的"管脚属性"对话框　　图 2-2-65 将引脚 1 放置在矩形的下方

执行"放置"→"引脚"命令，并按下 Tab 键，弹出"管脚属性"对话框，将"显示名字"设置为"Output"，"标识"设置为"2"，电气类型设置为"Output"，如图 2-2-66 所示，单击"确定"按钮，即可完成引脚属性设置，将引脚 2 放置在矩形的右侧，如图 2-2-67 所示。

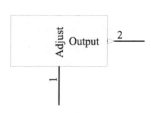

图 2-2-66 引脚 2 的"管脚属性"对话框　　图 2-2-67 将引脚 2 放置在矩形的右侧

执行"放置"→"引脚"命令,并按下 Tab 键,弹出"管脚属性"对话框,将"显示名字"设置为"Input","标识"设置为"3","电气类型"设置为"Input",如图 2-2-68 所示,单击"确定"按钮,即可完成引脚属性设置,将引脚 3 放置在矩形的左侧,如图 2-2-69 所示。

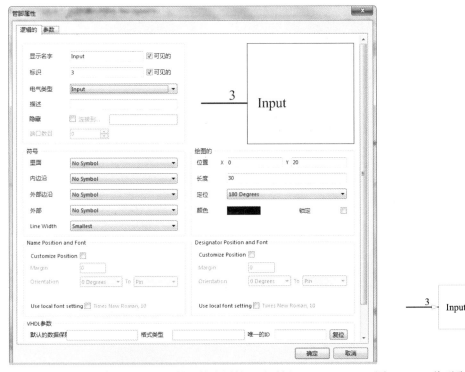

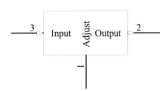

图 2-2-68 引脚 3 的"管脚属性"对话框　　图 2-2-69 将引脚 3 放置在矩形的左侧

执行"工具"→"重新命名器件"命令,弹出"Rename Component"对话框,将新创建的原理图库命名为"LM317",如图 2-2-70 所示,单击"确定"按钮,即可完成重命名。

图 2-2-70 "Rename Component"对话框

单击"SCH Library"窗格中器件栏的"编辑"按钮,弹出"Library Component Properties"对话框,将"Default Designator"设置为"U?","Default Comment"设置为"LM317",如图 2-2-71 所示,单击"OK"按钮,即可完成 LM317 原理图库的设置。

至此,LM317 原理图库绘制完毕,如图 2-2-72 所示。

小提示

◎ 扫描右侧二维码可观看 LM317 数据手册中与 LM317 原理图库绘制相关的内容。

◎ 将 LM317 原理图库放置在原理图图纸上才会出现"U?"和"LM317"。

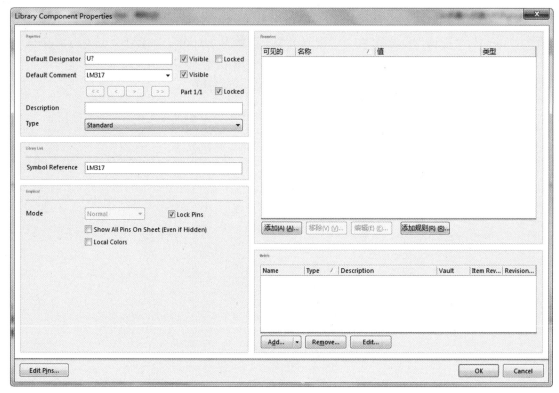

图 2-2-71 "Library Component Properties" 对话框

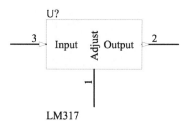

图 2-2-72 LM317 原理图库

执行"文件"→"New"→"Library"→"PCB 元件库"命令，将新创建的 PCB 元件库保存并命名为"LM317.PcbLib"。在绘制 LM317 PCB 元件库时，需要根据 LM317 封装尺寸进行绘制。LM317 封装尺寸图如图 2-2-73 所示。

执行"放置"→"焊盘"命令，并按下 Tab 键，弹出"焊盘"对话框。将"位置"选区中的"X"设置为"0mil"，"Y"设置为"0mil"；"旋转"设置为"0.000"；将"孔洞信息"选区中的"通孔尺寸"设置为"55mil"；将"属性"选区中的"标识"设置为"2"；将"尺寸和外形"选区中的"X-Size"设置为"98mil"，"Y-Size"设置为"78mil"，"外形"设置为"Round"，如图 2-2-74 所示。

执行"放置"→"焊盘"命令，并按下 Tab 键，弹出"焊盘"对话框。将"位置"选区中的"X"设置为"0mil"，"Y"设置为"100mil"；"旋转"设置为"0.000"；将"孔洞信息"选区中的"通孔尺寸"设置为"55mil"；将"属性"选区中的"标识"设置为"1"；将"尺寸和外形"选区中的"X-Size"设置为"98mil"，"Y-Size"设置为"78mil"，"外形"设置为"Rectangular"，如图 2-2-75 所示。

执行"放置"→"焊盘"命令，并按下 Tab 键，弹出"焊盘"对话框。将"位置"选区中的"X"设置为"0mil","Y"设置为"-100mil";"旋转"设置为"0.000";将"孔洞信息"选区中的"通孔尺寸"设置为"55mil";将"属性"选区中的"标识"设置为"3";将"尺寸和外形"选区中的"X-Size"设置为"98mil","Y-Size"设置为"78mil","外形"设置为"Round",如图 2-2-76 所示。

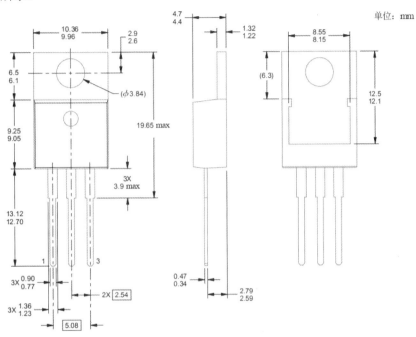

图 2-2-73　LM317 封装尺寸图

图 2-2-74　焊盘 2

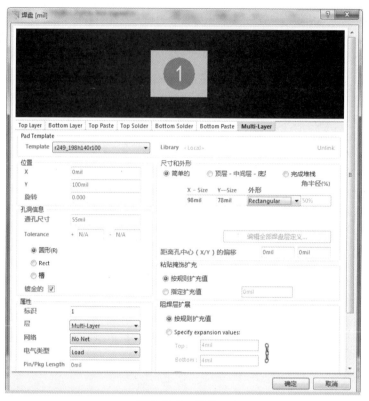

图 2-2-75　焊盘 1

图 2-2-76　焊盘 3

切换至"Top Overlay"图层,执行"放置"→"走线"命令,在焊盘上放置 2 条横线和 3 条竖线。双击第 1 条横线，其参数设置如图 2-2-77 所示。双击第 2 条横线，其参数设置如图 2-2-78 所示。双击第 1 条竖线，其参数设置如图 2-2-79 所示。双击第 2 条竖线，其参数设置如图 2-2-80 所示。双击第 3 条竖线，其参数设置如图 2-2-81 所示。各直线的参数设置完毕后，如图 2-2-82 所示。

图 2-2-77　第 1 条横线的参数设置

图 2-2-78　第 2 条横线的参数设置

图 2-2-79　第 1 条竖线的参数设置

图 2-2-80　第 2 条竖线的参数设置

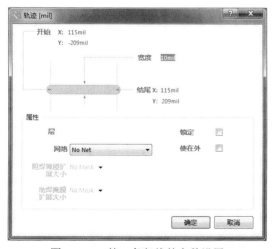

图 2-2-81　第 3 条竖线的参数设置

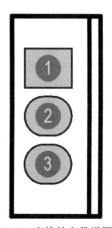

图 2-2-82　直线的参数设置完毕

执行"放置"→"圆环"命令,弹出"Arc"对话框,将"半径"设置为"5mil";将"宽度"设置为"15mil";将"起始角度"设置为"0.000";将"终止角度"设置为"360.000",将"居中"选区中的"X"设置为"-100mil","Y"设置为"100mil",如图2-2-83所示。

至此,LM317 PCB元件库绘制完毕,如图2-2-84所示。

图2-2-83 "Arc"对话框

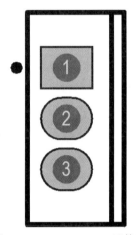
图2-2-84 LM317 PCB元件库

单击"PCB Library"窗格中的"PCBCOMPONENT_1"选项,弹出"PCB库元件"对话框,将"名称"设置为"TO-220",如图2-2-85所示,单击"确定"按钮,即可完成名称设置。

需要将LM317 PCB元件库中的TO-220封装加载到LM317原理图库中,可参考2.2.1节所述方法。当"SCH Library"窗格如图2-2-86所示时,证明封装已经加载完毕。

图2-2-85 "PCB库元件"对话框

图2-2-86 "SCH Library"窗格

小提示

◎ 扫描右侧二维码可观看 LM317 数据手册中与 LM317 元件库绘制相关的内容。
◎ 焊盘的通孔尺寸应大于引脚直径。
◎ 1 个 PCB 元件库可以拥有多个 PCB 封装。
◎ 为原理图库加载封装时，引脚标识一定要对应准确。

2.2.3 LM7805 元件库

执行"文件"→"New"→"Library"→"原理图库"命令，将新创建的原理图库保存并命名为"LM7805.SchLib"。在绘制 LM7805 原理图库时，需要查看 LM7805 数据手册，LM7805 引脚示意图如图 2-2-87 所示。

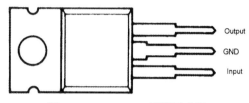

图 2-2-87　LM7805 引脚示意图

LM7805 原理图库与 LM317 原理图库相似，只需要将 LM317 原理图库复制、粘贴到 LM7805 原理图库编辑环境中，再修改引脚标识即可。

双击 LM317 原理图库的引脚 3，弹出"管脚属性"对话框，将"显示名字"设置为"Input"，"标识"设置为"1"，"电气类型"设置为"Input"，如图 2-2-88 所示，单击"确定"按钮，即可完成 LM7805 原理图库引脚 1 的属性设置。

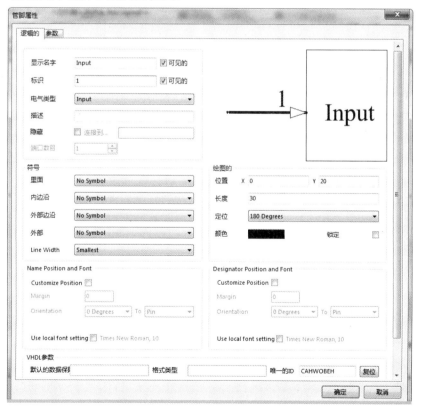

图 2-2-88　引脚 1 的"管脚属性"对话框

双击 LM317 原理图库的引脚 1，弹出"管脚属性"对话框，将"显示名字"设置为"GND"，"标识"设置为"2"，"电气类型"设置为"Passive"，如图 2-2-89 所示，单击"确定"按钮，即可完成 LM7805 原理图库引脚 2 的属性设置。

图 2-2-89　引脚 2 的"管脚属性"对话框

双击 LM317 原理图库的引脚 2，弹出"管脚属性"对话框，将"显示名字"设置为"Output"，"标识"设置为"3"，"电气类型"设置为"Output"，如图 2-2-90 所示，单击"确定"按钮，即可完成 LM7805 原理图库引脚 3 的属性设置。

执行"工具"→"重新命名器件"命令，弹出"Rename Component"对话框，将新创建的原理图库命名为"LM7805"，单击"确定"按钮，即可完成重命名。

单击"SCH Library"窗格中器件栏的"编辑"按钮，弹出"Library Component Properties"对话框，将"Default Designator"设置为"U?"，将"Default Comment"设置为"LM7805"，单击"OK"按钮，即可完成 LM7805 原理图库的设置。

至此，LM7805 原理图库绘制完毕，如图 2-2-91 所示。

小提示

◎ 扫描右侧二维码可观看 LM7805 数据手册中与 LM7805 原理图库绘制相关的内容。

◎ 将 LM7805 原理图库放置在原理图图纸上才会出现"U?"和"LM7805"。

执行"文件"→"New"→"Library"→"PCB 元件库"命令，将新创建的 PCB 元件库保存并命名为"LM7805.PcbLib"。在绘制 LM7805 PCB 元件库时，需要根据 LM7805 封装尺寸进行绘制，LM7805 封装尺寸图如图 2-2-92 所示。

图 2-2-90　引脚 3 的"管脚属性"对话框　　图 2-2-91　LM7805 原理图库

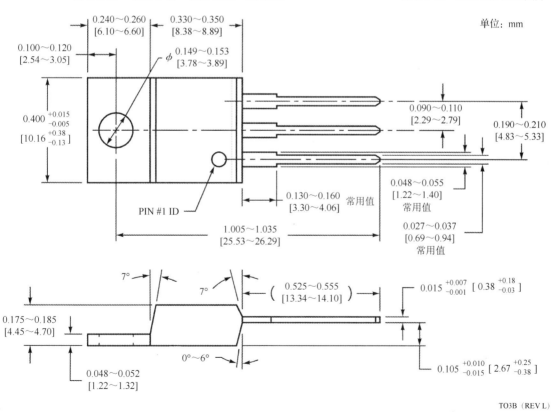

图 2-2-92　LM7805 封装尺寸图

LM7805 PCB 元件库与 LM317 PCB 元件库相似,将 LM317 PCB 元件库中的 TO-220 封装

复制到 LM7805 PCB 元件库编辑环境中，再修改其命名即可。

单击"PCB Library"窗格中的"PCBCOMPONENT_1"选项，弹出"PCB 库元件"对话框，将"名称"设置为"TO-220"，单击"确定"按钮，即可完成名称设置。

需要将 LM7805 PCB 元件库中的 TO-220 封装加载到 LM7805 原理图库中，可参考 2.2.1 节所述方法。当"SCH Library"窗格如图 2-2-93 所示时，证明封装已经加载完毕。

至此，LM7805 元件库绘制完毕。

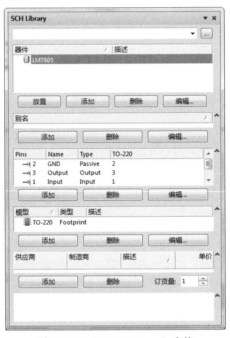

图 2-2-93 "SCH Library"窗格

🔲 小提示

◎ 扫描右侧二维码可观看 LM7805 数据手册中与 LM7805 元件库绘制相关的内容。

◎ 读者也可以不绘制 LM7805 PCB 元件库，直接将 LM317 PCB 元件库中的 TO-220 封装加载到 LM7805 原理图库中，但是这样不利于对库文件的管理。

2.2.4 PCA9685 元件库

执行"文件"→"New"→"Library"→"原理图库"命令，将新创建的原理图库保存并命名为"PCA9685.SchLib"。在绘制 PCA9685 原理图库时，需要查看 PCA9685 数据手册，PCA9685 引脚示意图如图 2-2-94 所示。

执行"放置"→"矩形"命令，并按下 Tab 键，弹出"长方形"对话框，其参数设置如图 2-2-95 所示，单击"确定"按钮，即可将矩形放置在图纸上。

执行"放置"→"引脚"命令，在矩形左侧放置 12 个引脚。由上向下依次将引脚标识修改为"28""27""26""25""23""1""2""3""4""5""24""14"。由上向下依次将引脚名称修改为"VDD""SDA""SCL""EXTCLK""O\E\""A0""A1""A2""A3""A4""A5""VSS"。

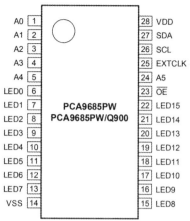

图 2-2-94　PCA9685 引脚示意图

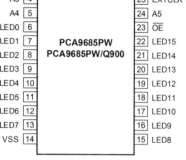

图 2-2-95　"长方形"对话框的参数设置

执行"放置"→"引脚"命令，在矩形右侧放置 16 个引脚。由上向下依次将引脚标识修改为"22""21""20""19""18""17""16""15""13""12""11""10""9""8""7""6"。由上向下依次将引脚名称修改为"LED15""LED14""LED13""LED12""LED11""LED10""LED9""LED8""LED7""LED6""LED5""LED4""LED3""LED2""LED1""LED0"。引脚放置完毕如图 2-2-96 所示。

执行"工具"→"重新命名器件"命令，弹出"Rename Component"对话框，将新创建的原理图库命名为"PCA9685"，单击"确定"按钮，即可完成重命名。

单击"SCH Library"窗格中器件栏的"编辑"按钮，弹出"Library Component Properties"对话框，将"Default Designator"设置为"U?"，"Default Comment"设置为"PCA9685"，单击"OK"按钮，即可完成 PCA9685 原理图库的设置。

至此，PCA9685 原理图库绘制完毕，如图 2-2-97 所示。

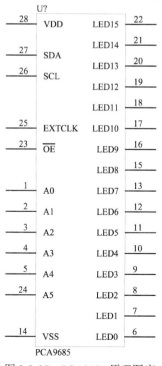

图 2-2-96　引脚放置完毕　　　　图 2-2-97　PCA9685 原理图库

小提示

◎ 扫描右侧二维码可观看 PCA9685 数据手册中与 PCA9685 原理图库绘制相关的内容。

◎ PCA9685 原理图库并非与 PCA9685 数据手册中的 PCA9685 引脚示意图完全一致，这样做是为了使原理图中的线路更规整。但是引脚名称与引脚标识要保持一一对应的关系。

执行"文件"→"New"→"Library"→"PCB 元件库"命令，将新创建的 PCB 元件库保存并命名为"PCA9685.PcbLib"。在绘制 PCA9685 PCB 元件库时，需要根据 PCA9685 封装尺寸进行绘制，PCA9685 封装尺寸图如图 2-2-98 所示。

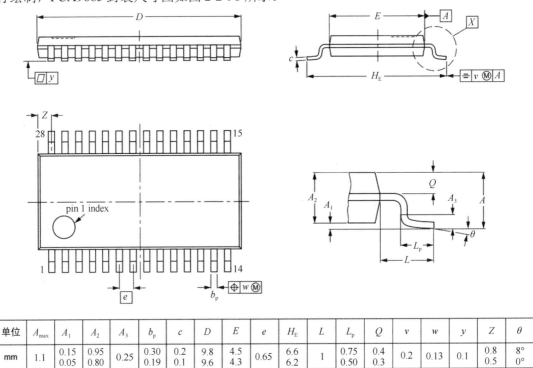

单位	A_{max}	A_1	A_2	A_3	b_p	c	D	E	e	H_E	L	L_p	Q	v	w	y	Z	θ
mm	1.1	0.15 0.05	0.95 0.80	0.25	0.30 0.19	0.2 0.1	9.8 9.6	4.5 4.3	0.65	6.6 6.2	1	0.75 0.50	0.4 0.3	0.2	0.13	0.1	0.8 0.5	8° 0°

图 2-2-98　PCA9685 封装尺寸图

执行"工具"→"元器件向导"命令，弹出"Component Wizard"对话框，这表示 PCB 器件向导已经启动。单击"Component Wizard"对话框中的"一步"按钮，弹出"器件图案"界面，选择"Small Outline Packages(SOP)"选项，将单位设置为"mil"，如图 2-2-99 所示。

单击"Component Wizard"对话框中的"一步"按钮，弹出"定义焊盘尺寸"界面，将焊盘高度设置为"16mil"；焊盘宽度设置为"71mil"，如图 2-2-100 所示。

单击"元件封装向导"对话框中的"一步"按钮，弹出"定义焊盘布局"界面，将相邻焊盘的横向间距设置为"228mil"，纵向间距设置为"26mil"，如图 2-2-101 所示。

单击"元件封装向导"对话框中的"一步"按钮，弹出"定义外框宽度"界面，将外框宽度设置为"10mil"，如图 2-2-102 所示。

单击"元件封装向导"对话框中的"一步"按钮，弹出"设定焊盘数量"界面，将焊盘总数设置为"28"，如图 2-2-103 所示。

单击"元件封装向导"对话框中的"一步"按钮，弹出"设定封装名称"界面，将元件命名为"TSSOP28",如图 2-2-104 所示。

图 2-2-99 "器件图案"界面

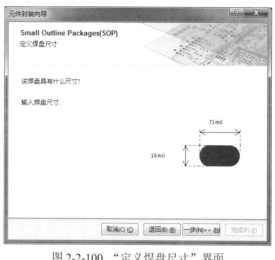

图 2-2-100 "定义焊盘尺寸"界面

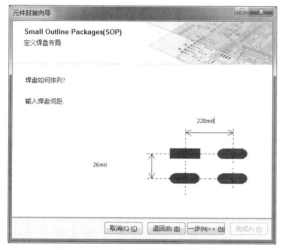

图 2-2-101 "定义焊盘布局"界面

图 2-2-102 "定义外框宽度"界面

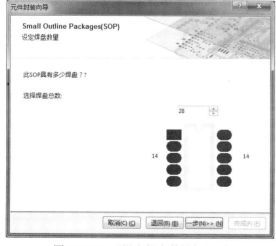

图 2-2-103 "设定焊盘数量"界面

图 2-2-104 "设定封装名称"界面

单击"元件封装向导"对话框中的"一步"按钮,弹出完成任务界面,如图 2-2-105 所示。

单击"元件封装向导"对话框中的"完成"按钮，即可将绘制出的元件放置在图纸上。PCA9685 PCB 元件库如图 2-2-106 所示。

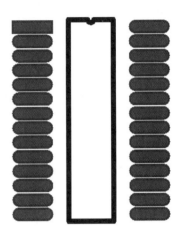

图 2-2-105 完成任务界面　　　　　　　　图 2-2-106 PCA9685 PCB 元件库

需要将 PCA9685 PCB 元件库中的 TSSOP28 封装加载到 PCA9685 原理图库中，可参考 2.2.1 节所述方法。当"SCH Library"窗格如图 2-2-107 所示时，证明封装已经加载完毕。

至此，PCA9685 PCB 元件库绘制完毕。

图 2-2-107 "SCH Library"窗格

小提示

◎ 扫描右侧二维码可观看 PCA9685 数据手册中与 PCA9685 元件库绘制相关的内容。

◎ PCA9685 的封装较为规范，通过元件封装向导绘制即可。

2.2.5 拨动开关元件库

执行"文件"→"New"→"Library"→"原理图库"命令，将新创建的原理图库保存并命名为"Switch.SchLib"。在绘制拨动开关原理图库时，需要查看拨动开关数据手册，拨动开关引脚示意图如图 2-2-108 所示，向左拨动触点，引脚 1 与引脚 2 相连，引脚 2 与引脚 3 断开；向右拨动触点，引脚 1 与引脚 2 断开，引脚 2 与引脚 3 相连。

执行"放置"→"矩形"命令，并按下 Tab 键，弹出"长方形"对话框，其参数设置如图 2-2-109 所示，单击"确定"按钮，即可将矩形放置在图纸上。

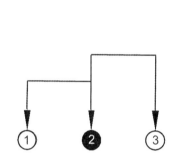 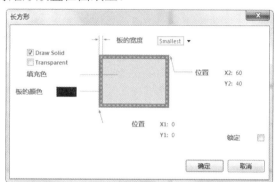

图 2-2-108 拨动开关引脚示意图　　　　图 2-2-109 "长方形"对话框的参数设置

执行"放置"→"引脚"命令，在矩形左侧放置 2 个引脚，两个引脚标识分别为"1"和"3"，并且不显示引脚名称。执行"放置"→"引脚"命令，在矩形右侧放置 1 个引脚，引脚标识为"2"，并且不显示引脚名称。

执行"放置"→"图像"命令，可将拨动开关引脚示意图放置在矩形上，如图 2-2-110 所示。

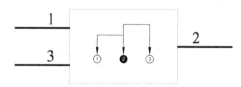

图 2-2-110 将拨动开关引脚示意图放置在矩形上

执行"工具"→"重新命名器件"命令，弹出"Rename Component"对话框，将新创建的原理图库命名为"Switch"，单击"确定"按钮，即可完成重命名。

单击"SCH Library"窗格中器件栏的"编辑"按钮，弹出"Library Component Properties"对话框，将"Default Designator"设置为"SW?"，"Default Comment"设置为"Switch"，单击"OK"按钮，即可完成拨动开关原理图库的设置。

至此，拨动开关原理图库绘制完毕，如图 2-2-111 所示。

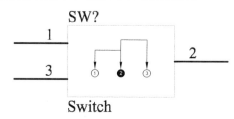

图 2-2-111 拨动开关原理图库

🔲 小提示
◎ 读者也可以不放置拨动开关引脚示意图。
◎ 将拨动开关原理图库放置在原理图图纸上才会出现"SW?"和"Switch"。

执行"文件"→"New"→"Library"→"PCB 元件库"命令，将新创建的 PCB 元件库保存并命名为"Switch.PcbLib"。在绘制拨动开关 PCB 元件库时，需要根据拨动开关封装尺寸进行绘制，拨动开关封装尺寸图如图 2-2-112 所示。

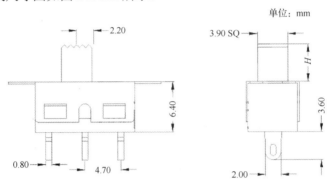

图 2-2-112　拨动开关封装尺寸图

执行"放置"→"焊盘"命令，并按下 Tab 键，弹出"焊盘"对话框。将"位置"选区中的"X"设置为"0mil"，"Y"设置为"0mil"，"旋转"设置为"90"；将"孔洞信息"选区中的通孔类型设置为"槽"，"通孔尺寸"设置为"43.31mil"，"长度"设置为"90.55mil"；将"属性"选区中的"标识"设置为"1"；将"尺寸和外形"选区中的"X-Size"设置为"118mil"，"Y-Size"设置为"59mil"，"外形"设置为"Round"，如图 2-2-113 所示。

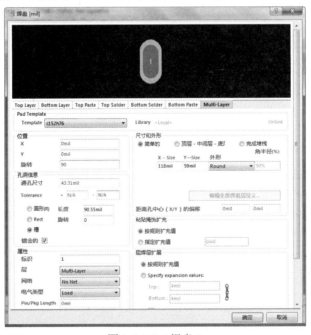

图 2-2-113　焊盘 1

执行"放置"→"焊盘"命令，并按下 Tab 键，弹出"焊盘"对话框。将"位置"选区中的"X"设置为"185mil"，"Y"设置为"0mil"，"旋转"设置为"90"；将"孔洞信息"选区中的通孔类型设置为"槽","通孔尺寸"设置为"43.31mil","长度"设置为"90.55mil",将"属性"选区中的"标识"设置为"2","X-Size"设置为"118mil","Y-Size"设置为"59mil","外形"设置为"Round",如图2-2-114所示。

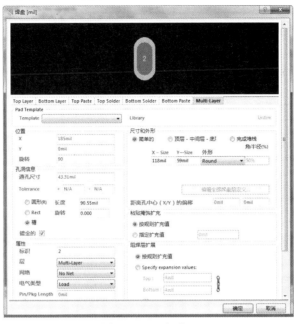

图2-2-114 焊盘2

执行"放置"→"焊盘"命令,并按下Tab键,弹出"焊盘"对话框。将"位置"选区中的"X"设置为"370mil","Y"设置为"0mil","旋转"设置为"90";将"孔洞信息"选区中的通孔类型设置为"槽","通孔尺寸"设置为"43.31mil","长度"设置为"90.55mil";将"属性"选区中的"标识"设置为"3","X-Size"设置为"118mil","Y-Size"设置为"59mil","外形"设置为"Round",如图2-2-115所示。

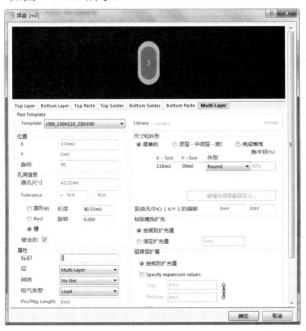

图2-2-115 焊盘3

切换至"Top Overlay"图层,执行"放置"→"走线"命令,放置2条横线和2条竖线。双击第1条横线,其参数设置如图2-2-116所示。双击第2条横线,其参数设置如图2-2-117所示。双击第1条竖线,其参数设置如图2-2-118所示。双击第2条竖线,其参数设置如图2-2-119所示。至此,拨动开关PCB元件库已经绘制完毕,如图2-2-120所示。

图2-2-116　第1条横线的参数设置

图2-2-117　第2条横线的参数设置

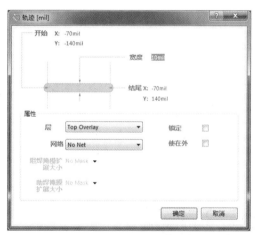

图2-2-118　第1条竖线的参数设置

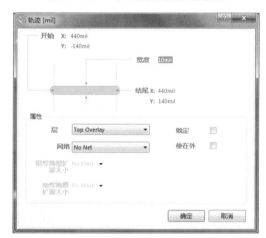

图2-2-119　第2条竖线的参数设置

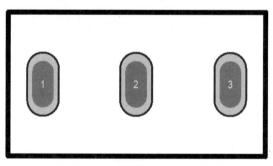

图2-2-120　拨动开关PCB元件库

单击"PCB Library"窗格中的"PCBCOMPONENT_1"选项,弹出"PCB库元件"对话框,将"名称"设置为"SW-3",单击"确定"按钮,即可完成名称设置。

将拨动开关PCB元件库中的SW-3封装加载到拨动开关原理图库中,可参考2.2.1节所述方法。若"SCH Library"窗格如图2-2-121所示,则证明封装已经加载完毕。

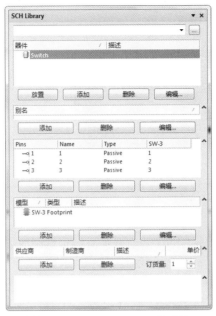

图 2-2-121 "SCH Library" 窗格

🔲 小提示

◎ 扫描右侧二维码可观看拨动开关数据手册中与拨动开关元件库绘制相关的内容。

◎ 拨动开关主要用于接通或断开电源。

2.2.6 微动开关元件库

执行 "文件" → "New" → "Library" → "原理图库" 命令,将新创建的原理图库保存并命名为 "Button.SchLib"。在绘制微动开关原理图库时,需要查看微动开关数据手册,微动开关引脚示意图如图 2-2-122 所示。引脚 A 与引脚 B 相连,引脚 C 与引脚 D 相连,当按下微动开关时,4 个引脚相连。

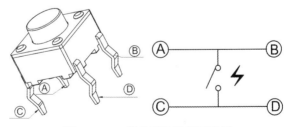

图 2-2-122 微动开关引脚示意图

执行 "放置" → "矩形" 命令,并按下 Tab 键,弹出 "长方形" 对话框,其参数设置如图 2-2-123 所示,单击 "确定" 按钮,即可将矩形放置在图纸上。

执行 "放置" → "引脚" 命令,在矩形左侧放置 2 个引脚,2 个引脚标识分别为 "1" 和 "3",并且不显示引脚名称。执行 "放置" → "引脚" 命令,在矩形右侧放置 2 个引脚,2 个引脚标识分别为 "2" 和 "4",并且不显示引脚名称。

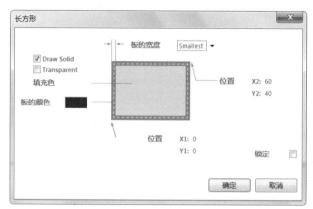

图 2-2-123 "长方形"对话框的参数设置

执行"放置"→"图像"命令,可将微动开关引脚示意图放置在矩形上,如图 2-2-124 所示。

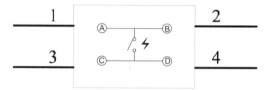

图 2-2-124 将微动开关引脚示意图放置在矩形上

执行"工具"→"重新命名器件"命令,弹出"Rename Component"对话框,将新创建的原理图库命名为"Button",单击"确定"按钮,即可完成重命名。

单击"SCH Library"窗格中器件栏的"编辑"按钮,弹出"Library Component Properties"对话框,将"Default Designator"设置为"B?","Default Comment"设置为"Button",单击"OK"按钮,即可完成微动开关原理图库的设置。

至此,微动开关原理图库绘制完毕,如图 2-2-125 所示。

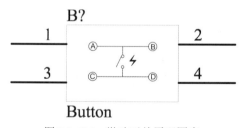

图 2-2-125 微动开关原理图库

小提示

◎ 读者也可以不放置微动开关引脚示意图。
◎ 将微动开关原理图库放置在原理图图纸上才会出现"B?"和"Button"。

执行"文件"→"New"→"Library"→"PCB 元件库"命令,将新创建的 PCB 元件库保存并命名为"Button.PcbLib"。在绘制微动开关 PCB 元件库时,需要根据微动开关封装尺寸进行绘制。微动开关封装尺寸图如图 2-2-126 所示。

执行"放置"→"焊盘"命令,并按下 Tab 键,弹出"焊盘"对话框。将"位置"选区中的"X"设置为"0mil","Y"设置为"0mil","旋转"设置为"0.000";将"孔洞信息"选区中的"通孔尺寸"设置为"40mil";将"属性"选区中的"标识"设置为"1";将"尺寸和外形"选区中的"X-Size"设置为"60mil","Y-Size"设置为"60mil","外形"设置为"Round",如图 2-2-127 所示。

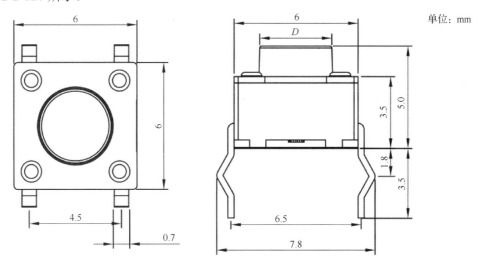

图 2-2-126 微动开关封装尺寸图

图 2-2-127 焊盘 1

执行"放置"→"焊盘"命令,并按下 Tab 键,弹出"焊盘"对话框。将"位置"选区中的"X"设置为"256mil","Y"设置为"0mil","旋转"设置为"0.000";将"孔洞信息"选区中的"通孔尺寸"设置为"40mil";将"属性"选区中的"标识"设置为"2";将"尺寸与外形"选区中的"X-Size"设置为"60mil","Y-Size"设置为"60mil","外形"设置为"Round",如图 2-2-128 所示。

执行"放置"→"焊盘"命令,并按下 Tab 键,弹出"焊盘"对话框。将"位置"选区中的"X"设置为"0mil","Y"设置为"-177mil","旋转"设置为"0.000";将"孔洞信息"选区中的"通孔尺寸"设置为"40mil";将"属性"选区中的"标识"设置为"3";将"尺寸与外形"选区中的"X-Size"设置为"60mil","Y-Size"设置为"60mil","外形"设置为"Round",如图 2-2-129 所示。

图 2-2-128　焊盘 2

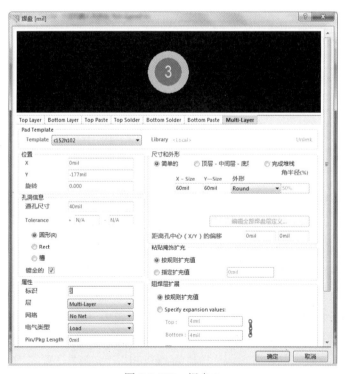

图 2-2-129　焊盘 3

执行"放置"→"焊盘"命令,并按下 Tab 键,弹出"焊盘"对话框。将"位置"选区中的"X"设置为"256mil","Y"设置为"-177mil","旋转"设置为"0.000";将"孔洞信息"选区中的"通孔尺寸"设置为"40mil";将"属性"选区中的"标识"设置为"4";将"尺寸与外形"选区中的"X-Size"设置为"60mil","Y-Size"设置为"60mil","外形"设置为"Round",如图 2-2-130 所示。

图 2-2-130　焊盘 4

切换至"Top Overlay"图层,执行"放置"→"走线"命令,放置 2 条横线和 2 条竖线。双击第 1 条横线,其参数设置如图 2-2-131 所示。双击第 2 条横线,其参数设置如图 2-2-132 所示。双击第 1 条竖线,其参数设置如图 2-2-133 所示。双击第 2 条竖线,其参数设置如图 2-2-134 所示。

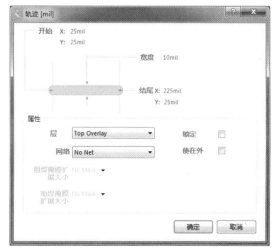

图 2-2-131　第 1 条横线的参数设置

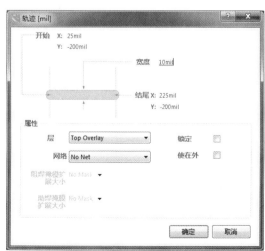

图 2-2-132　第 2 条横线的参数设置

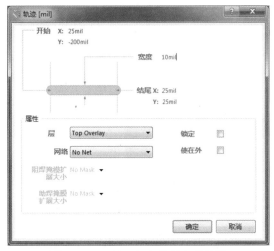
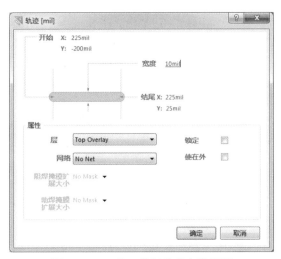

图 2-2-133　第 1 条竖线的参数设置　　　　图 2-2-134　第 2 条竖线的参数设置

执行"放置"→"圆环"命令,放置 1 个圆环,圆环参数如图 2-2-135 所示。至此,微动开关 PCB 元件库绘制完毕,如图 2-2-136 所示。

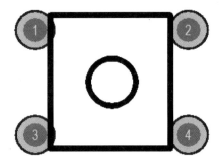

图 2-2-135　圆环参数　　　　　　　图 2-2-136　微动开关 PCB 元件库

单击"PCB Library"窗格中的"PCBCOMPONENT_1"选项,弹出"PCB 库元件"对话框,将"名称"设置为"B-6.5x4.5",单击"确定"按钮,即可完成名称设置。

需要将微动开关 PCB 元件库中的 B-6.5x4.5 封装加载到微动开关原理图库中,可参考 2.2.1 节所述方法。当"SCH Library"窗格如图 2-2-137 所示时,证明封装已经加载完毕。

小提示

◎ 扫描右侧二维码可观看微动开关数据手册中与微动开关元件库绘制相关的内容。

◎ 读者也可以选用其他类型的微动开关。

图 2-2-137 "SCH Library"窗格

2.2.7 接线端子元件库

对于接线端子元件库,用户可以选用 Altium Designer 中自带的接插件原理图库,如图 2-2-138 所示,不必自行绘制接线端子元件库。

执行"文件"→"New"→"Library"→"PCB 元件库"命令,将新创建的 PCB 元件库保存并命名为"Terminal.PcbLib"。在绘制接线端子 PCB 元件库时,需要根据接线端子封装尺寸进行绘制,接线端子封装尺寸图如图 2-2-139 所示。

图 2-2-138 接插件原理图库

单位:mm

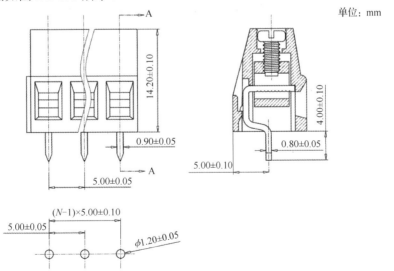

图 2-2-139 接线端子封装尺寸图

执行"放置"→"焊盘"命令,并按下 Tab 键,弹出"焊盘"对话框。将"位置"选区中的"X"设置为"0mil","Y"设置为"0mil","旋转"设置为"0.000";将"孔洞信息"选区中的"通孔尺寸"设置为"51.2mil";将"属性"选区中的"标识"设置为"1";将"尺寸与外形"选区中的"X-Size"设置为"86.6mil","Y-Size"设置为"86.6mil","外形"设置为"Round",如图2-2-140所示。

图 2-2-140　焊盘 1

执行"放置"→"焊盘"命令,并按下 Tab 键,弹出"焊盘"对话框。将"位置"选区中的"X"设置为"197.2mil","Y"设置为"0mil","旋转"设置为"0.000";将"孔洞信息"选区中的"通孔尺寸"设置为"51.2mil";将"属性"选区中的"标识"设置为"2";将"尺寸与外形"选区中的"X-Size"设置为"86.6mil","Y-Size"设置为"86.6mil","外形"设置为"Round",如图2-2-141所示。

图 2-2-141　焊盘 2

切换至"Top Overlay"图层，执行"放置"→"走线"命令，放置 2 条横线和 2 条竖线。双击第 1 条横线，其参数设置如图 2-2-142 所示。双击第 2 条横线，其参数设置如图 2-2-143 所示。双击第 1 条竖线，其参数设置如图 2-2-144 所示。双击第 2 条竖线，其参数设置如图 2-2-145 所示。

图 2-2-142　第 1 条横线的参数设置

图 2-2-143　第 2 条横线的参数设置

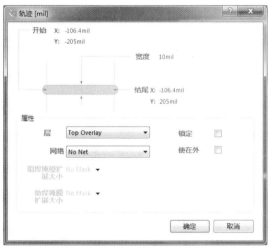

图 2-2-144　第 1 条竖线的参数设置

图 2-2-145　第 2 条竖线的参数设置

执行"放置"→"走线"命令，在焊盘 1 下方绘制一个"+"符号，在焊盘 2 下方绘制一个"-"符号。至此，接线端子 PCB 元件库已经绘制完毕，如图 2-2-146 所示。

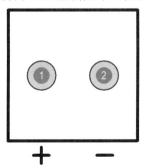

图 2-2-146　接线端子 PCB 元件库

单击"PCB Library"窗格中的"PCBCOMPONENT_1"选项,弹出"PCB 库元件"对话框,将名称设置为"Ter-2",单击"确定"按钮,即可完成名称设置。

小提示

◎ 扫描右侧二维码可观看接线端子数据手册中与接线端子元件库绘制相关的内容。
◎ 读者也可以选用其他类型的接线端子。
◎ 在绘制接线端子原理图时需要将接线端子 PCB 元件库加载到接线端子原理图库中。

2.2.8 直插式 LED 元件库

对于直插式 LED,用户可以选用 Altium Designer 中自带的直插式 LED 原理图库,如图 2-2-147 所示,不必自行绘制。

执行"文件"→"New"→"Library"→"PCB 元件库"命令,将新创建的 PCB 元件库保存并命名为"LED.PcbLib"。在绘制直插式 LED PCB 元件库时,需要根据直插式 LED 封装尺寸进行绘制,直插式 LED 封装尺寸图如图 2-2-148 所示。

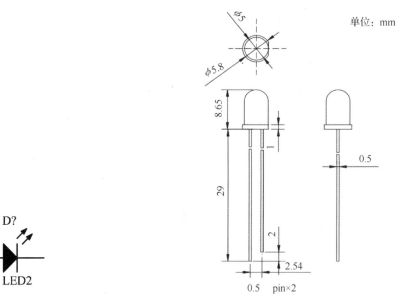

图 2-2-147 直插式 LED 原理图库　　　图 2-2-148 直插式 LED 封装尺寸图

执行"放置"→"焊盘"命令,并按下 Tab 键,弹出"焊盘"对话框。将"位置"选区中的"X"设置为"0mil","Y"设置为"0mil","旋转"设置为"0.000";将"孔洞信息"选区中的"通孔尺寸"设置为"36mil";将"属性"选区中的"标识"设置为"1";将"尺寸与外形"选区中的"X-Size"设置为"60mil","Y-Size"设置为"60mil","外形"设置为"Rectangular",如图 2-2-149 所示。

执行"放置"→"焊盘"命令,并按下 Tab 键,弹出"焊盘"对话框。将"位置"选区中的"X"设置为"100mil","Y"设置为"0mil","旋转"设置为"0.000";将"孔洞信息"选区中的"通孔尺寸"设置为"36mil";将"属性"选区中的"标识"设置为"2";将"尺寸与外形"

选区中的"X-Size"设置为"60mil","Y-Size"设置为"60mil","外形"设置为"Round",如图 2-2-150 所示。

图 2-2-149　焊盘 1

图 2-2-150　焊盘 2

执行"放置"→"圆环"命令，放置 1 个圆环，圆环参数如图 2-2-151 所示。至此，直插式 LED PCB 元件库绘制完毕，如图 2-2-152 所示。

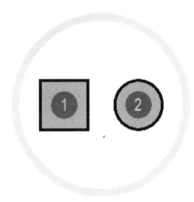

图 2-2-151　圆环参数　　　　　图 2-2-152　直插式 LED PCB 元件库

单击"PCB Library"窗格中的"PCBCOMPONENT_1"选项，弹出"PCB 库元件"对话框，将名称设置为"LED-2"，单击"确定"按钮，即可完成名称设置。

小提示

◎ 扫描右侧二维码可观看直插式 LED 数据手册中与直插式 LED 元件库绘制相关的内容。

◎ 读者也可以选择其他类型的 LED。

◎ 在后续绘制直插式 LED 原理图时需要将直插式 LED PCB 元件库加载到直插式 LED 原理图库中。

2.2.9　陶瓷电容元件库

对于陶瓷电容，用户可以选用 Altium Designer 中自带的陶瓷电容原理图库，如图 2-2-153 所示，不必自行绘制。

图 2-2-153　陶瓷电容原理图库

执行"文件"→"New"→"Library"→"PCB 元件库"命令，将新创建的 PCB 元件库保存并命名为"CC.PcbLib"。在绘制陶瓷电容 PCB 元件库时，需要根据陶瓷电容封装尺寸进行绘制。陶瓷电容封装尺寸图如图 2-2-154 所示。

尺寸规格	外形	尺寸（单位：mm）				
		F ±0.5	H ±1	L_{max}	W_{max}	T_{max}	ϕd ±0.1
0805	a b C1 C2 C3	2.54/3.5 2.54 5.08 5.08 5.08	5 10 5/10 5 5/10	4.2	3.8	3.8	0.45 0.50
1206	a b C1	2.54 3.50 5.08	10	5.5	4.5	3.8	0.45 0.50
1210/ 1209	b C1	3.50 5.08	10	5.5	5.5	3.8	0.45 0.50
1812	b	4.57	10	8.5	6.5	3.8	0.45 0.50
2225	b	5.50	10	10.5	9.5	4.2	0.45 0.50

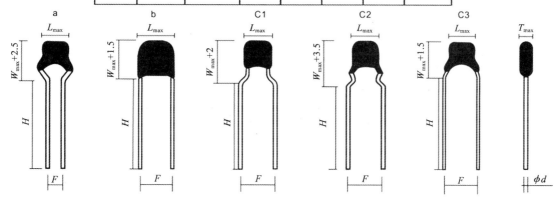

图 2-2-154 陶瓷电容封装尺寸图

执行"放置"→"焊盘"命令，并按下 Tab 键，弹出"焊盘"对话框。将"位置"选区中的"X"设置为"0mil"，"Y"设置为"0mil"，"旋转"设置为"0.000"；将"孔洞信息"选区中的"通孔尺寸"设置为"35mil"；将"属性"选区中的"标识"设置为"1"；将"尺寸与外形"选区中的"X-Size"设置为"50mil"，"Y-Size"设置为"50mil"，"外形"设置为"Round"，如图 2-2-155 所示。

执行"放置"→"焊盘"命令，并按下 Tab 键，弹出"焊盘"对话框。将"位置"选区中的"X"设置为"200mil"，"Y"设置为"0mil"，"旋转"设置为"0.000"；将"孔洞信息"选区中的"通孔尺寸"设置为"35mil"；将"属性"选区中的"标识"设置为"2"；将"尺寸与外形"选区中的"X-Size"设置为"50mil"，"Y-Size"设置为"50mil"，"外形"设置为"Round"，如图 2-2-156 所示。

图 2-2-155　焊盘 1

图 2-2-156　焊盘 2

执行"放置"→"走线"命令,放置 1 个电容符号。至此,陶瓷电容 PCB 元件库绘制完毕,如图 2-2-157 所示。

单击"PCB Library"窗格中的"PCBCOMPONENT_1"选项,弹出"PCB 库元件"对话框,将名称设置为"CC-200",单击"确定"按钮,即可完成名称设置。

图 2-2-157 陶瓷电容 PCB 元件库

小提示

◎ 扫描右侧二维码可观看陶瓷电容数据手册中与陶瓷电容元件库绘制相关的内容。
◎ 读者也可以选择其他尺寸的陶瓷电容。
◎ 在绘制陶瓷电容原理图时需要将陶瓷电容 PCB 元件库加载到陶瓷电容原理图库中。

2.2.10 电解电容元件库

对于电解电容,用户可以选用 Altium Designer 中自带的电解电容原理图库,如图 2-2-158 所示,不必自行绘制。

执行"文件"→"New"→"Library"→"PCB 元件库"命令,将新创建的 PCB 元件库保存并命名为"EC.PcbLib"。在绘制陶瓷电容 PCB 元件库时,需要根据电解电容封装尺寸进行绘制。电解电容封装尺寸图如图 2-2-159 所示。

图 2-2-158 电解电容原理图库　　　　图 2-2-159 电解电容封装尺寸图

执行"放置"→"焊盘"命令,并按下 Tab 键,弹出"焊盘"对话框。将"位置"选区中的"X"设置为"0mil","Y"设置为"0mil","旋转"设置为"0.000";将"孔洞信息"选区中的"通孔尺寸"设置为"36mil";将"属性"选区中的"标识"设置为"1";将"尺寸与外形"选区中的"X-Size"设置为"60mil","Y-Size"设置为"60mil","外形"设置为"Rectangular",如图 2-2-160 所示。

执行"放置"→"焊盘"命令,并按下 Tab 键,弹出"焊盘"对话框。将"位置"选区中的"X"设置为"200mil","Y"设置为"0mil","旋转"设置为"0.000";将"孔洞信息"选区中的"通孔尺寸"设置为"36mil";将"属性"选区中的"标识"设置为"2";将"尺寸与外形"选区中的"X-Size"设置为"60mil","Y-Size"设置为"60mil","外形"设置为"Round",如图 2-2-161 所示。

图 2-2-160　焊盘 1

图 2-2-161　焊盘 2

执行"放置"→"圆环"命令，放置 1 个圆环，圆环参数如图 2-2-162 所示。执行"放置"→"走线"命令，放置 1 个"+"符号。至此，电解电容 PCB 元件库绘制完毕，如图 2-2-163 所示。

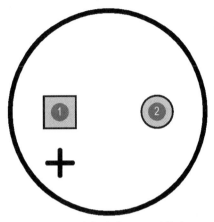

图 2-2-162　圆环参数　　　　　　　　2-2-163　电解电容 PCB 元件库

单击"PCB Library"窗格中的"PCBCOMPONENT_1"选项，弹出"PCB 库元件"对话框，将"名称"设置为"EC-200"，单击"确定"按钮，即可完成名称设置。

小提示

◎ 扫描右侧二维码可观看电解电容数据手册中与电解电容元件库绘制相关的内容。

◎ 读者也可以选择其他尺寸的电解电容。

◎ 在绘制电解电容原理图时需要将电解电容 PCB 元件库加载到电解电容原理图库中。

2.3　原理图绘制

2.3.1　电源电路

执行"文件"→"新建"→"原理图"命令，将新创建的原理图保存并命名为"SixFoot.SchDoc"。执行"设计"→"文档选项"命令，弹出"文档选项"对话框，将"标准风格"设置为"A0"，其他设置选择默认参数，如图 2-3-1 所示。

执行"放置"→"器件"命令，弹出"放置端口"对话框，如图 2-3-2 所示。单击"选择"按钮，弹出"浏览库"对话框，在"库"下拉列表中选择"Switch.SchLib"选项，如图 2-3-3 所示。单击"确定"按钮，将拨动开关原理图库放置在图纸上。放置其他原理图库均可以参考此方法，后续不再赘述。

电源电路由 3 部分组成，电源电路第 1 部分如图 2-3-4 所示，主要由接线端子、拨动开关、电解电容、LED 和电阻组成。电源电路第 1 部分的主要功能是控制接入电源的断开或闭合。

图 2-3-1 "文档选项"对话框

图 2-3-2 "放置端口"对话框

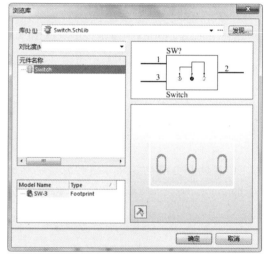

图 2-3-3 "浏览库"对话框

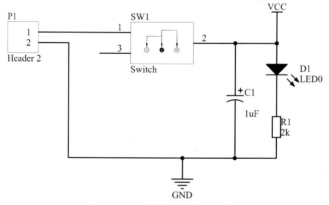

图 2-3-4 电源电路第 1 部分

需要将元件 P1 的 PCB 元件库名称更改为"Switch.PcbLib"。双击元件 P1，弹出"Properties for Schematic Component in Sheet[SixFoot.SchDoc]"对话框，如图 2-3-5 所示。双击右下方的

"Footprint",弹出"PCB模型"对话框,单击"浏览"按钮,弹出"浏览库"对话框,在"库"下拉列表中选择"Terminal.PcbLib"选项,如图2-3-6所示。

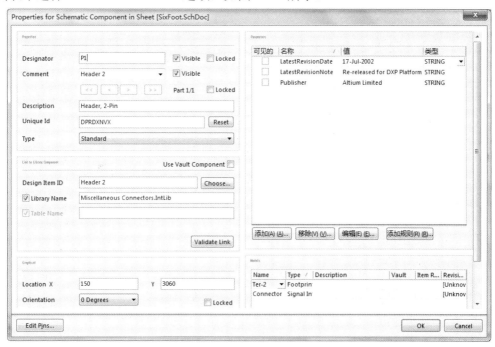

图2-3-5 "Properties for Schematic Component in Sheet[SixFoot.SchDoc]"对话框

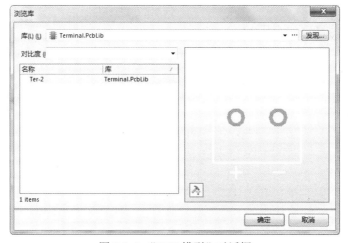

图2-3-6 "PCB模型"对话框

依次单击"确定"按钮,即可将"Terminal.PcbLib"加载至元件P1中。采用同样的方式将"EC.PcbLib"加载至元件C1中;将"LED.PcbLib"加载至元件D1中。后续不再详细介绍PCB元件库的加载过程。

电源电路第2部分如图2-3-7所示,主要由LM317、陶瓷电容、电解电容、二极管和电阻组成。"VCC"电源网络一般由3块锂电池供电,共11.1V。"8V8"电源网络可以为Arduino Uno CON元件供电。

电源电路第3部分如图2-3-8所示,主要由LM7805、陶瓷电容和电解电容组成。"5V"电源网络可以为指示灯、独立按键和PCA9685供电。

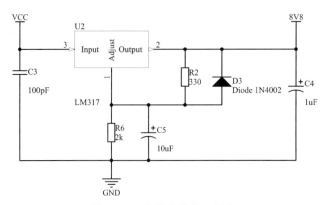

图 2-3-7　电源电路第 2 部分

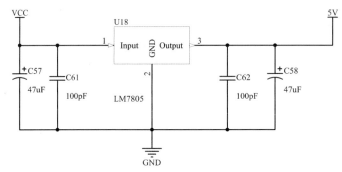

图 2-3-8　电源电路第 3 部分

2.3.2　单片机最小系统电路

单片机最小系统电路如图 2-3-9 所示，主要由 Arduino Uno CON 元件和排针组成。元件 P2、元件 P3 和元件 P4 的主要功能是引出 Arduino Uno CON 元件的引脚，方便扩展使用。

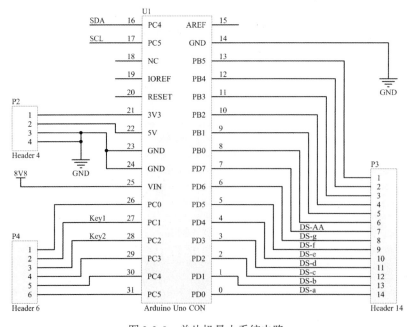

图 2-3-9　单片机最小系统电路

> 小提示
> ◎ 后续将介绍网络标号的连接情况。

2.3.3 独立按键电路

独立按键电路如图 2-3-10 所示，主要由微动开关和电阻组成。独立按键电路的主要功能是设定功能模式。元件 B1 的引脚 1 和引脚 2 共同通过网络标号"Key1"与 Arduino Uno CON 元件的 PC1 引脚相连；元件 B2 的引脚 1 和引脚 2 共同通过网络标号"Key2"与 Arduino Uno CON 元件的 PC2 引脚相连。

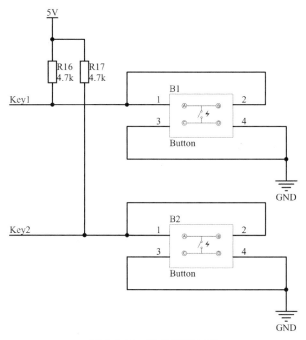

图 2-3-10 独立按键电路

2.3.4 指示灯电路

指示灯电路如图 2-3-11 所示，主要由共阳极数码管和三极管组成。指示电路的主要功能是指示当前运行模式。

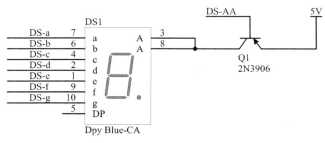

图 2-3-11 指示灯电路

三极管 Q1 的基极通过网络标号"DS-AA"与 Arduino Uno CON 元件的 PD7 引脚相连。共阳极数码管 DS1 的引脚 7 通过网络标号"DS-a"与 Arduino Uno CON 元件的 PD0 引脚相连；引脚 6 通过网络标号"DS-b"与 Arduino Uno CON 元件的 PD1 引脚相连；引脚 4 通过网络标号"DS-c"与 Arduino Uno CON 元件的 PD2 引脚相连；引脚 2 通过网络标号"DS-d"与 Arduino Uno CON 元件的 PD3 引脚相连；引脚 1 通过网络标号"DS-e"与 Arduino Uno CON 元件的 PD4 引脚相连；引脚 9 通过网络标号"DS-f"与 Arduino Uno CON 元件的 PD5 引脚相连；引脚 10 通过网络标号"DS-g"与 Arduino Uno CON 元件的 PD6 引脚相连；引脚 3 和引脚 8 共同与三极管的集电极相连。

2.3.5 PWM 电路

PWM 电路共包括两部分，两部分电路基本一致，即每部分电路可以输出 16 路 PWM。PWM 电路第 1 部分如图 2-3-12 所示，元件 U3 的引脚 27 通过网络标号"SDA"与 Arduino Uno CON 元件的 PC4 引脚相连；元件 U3 的引脚 26 通过网络标号"SCL"与 Arduino Uno CON 元件的 PC5 引脚相连。

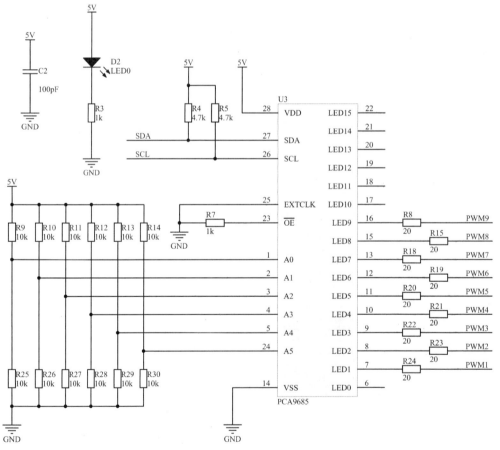

图 2-3-12 PWM 电路第 1 部分

PWM 电路第 2 部分如图 2-3-13 所示，元件 U8 的引脚 27 通过网络标号"SDA"与 Arduino Uno CON 元件的 PC4 引脚相连；元件 U8 的引脚 26 通过网络标号"SCL"与 Arduino Uno CON 元件的 PC5 引脚相连。

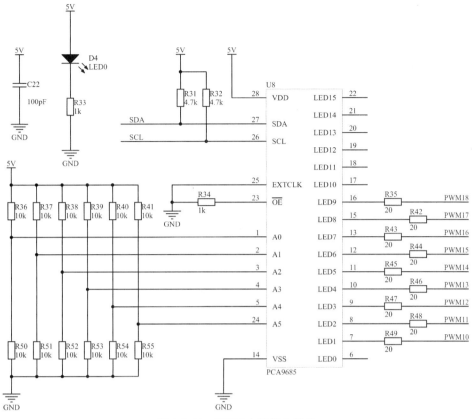

图 2-3-13　PWM 电路第 2 部分

执行 "工程" → "Compile Document SixFoot.SchDoc" 命令，弹出 "Messages" 对话框，如图 2-3-14 所示，基本可以忽略出现的 Warning。

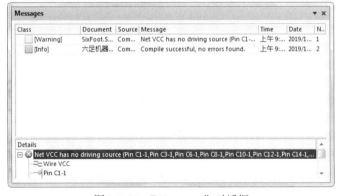

图 2-3-14　"Messages" 对话框

2.3.6　舵机电路

舵机电路共包括 18 部分，每部分控制 1 个舵机。舵机电路第 1 部分如图 2-3-15 所示，主要由 LM7805、陶瓷电容、电解电容和排针组成。元件 P5 的引脚 1 通过网络标号 "PWM1" 与元件 U3（PCA9685）的引脚 7 相连。其他部分的电路与舵机电路第 1 部分相似，只是连接的引脚不同。

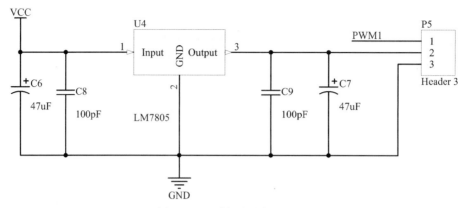

图 2-3-15　舵机电路第 1 部分

舵机电路第 2 部分如图 2-3-16 所示，元件 P7 的引脚 1 通过网络标号"PWM2"与元件 U3（PCA9685）的引脚 8 相连。

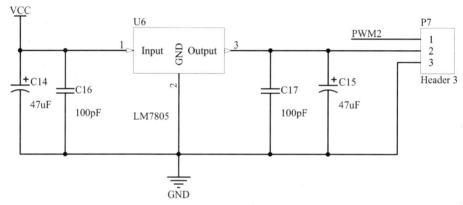

图 2-3-16　舵机电路第 2 部分

舵机电路第 3 部分如图 2-3-17 所示，元件 P9 的引脚 1 通过网络标号"PWM3"与元件 U3（PCA9685）的引脚 9 相连。

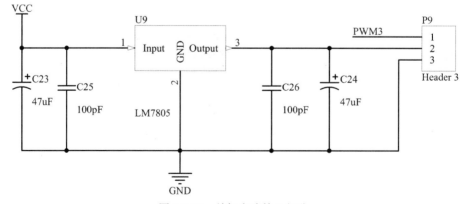

图 2-3-17　舵机电路第 3 部分

舵机电路第 4 部分如图 2-3-18 所示，元件 P11 的引脚 1 通过网络标号"PWM4"与元件 U3（PCA9685）的引脚 10 相连。

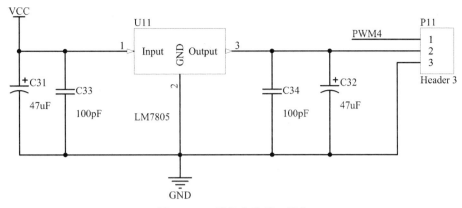

图 2-3-18　舵机电路第 4 部分

舵机电路第 5 部分如图 2-3-19 所示，元件 P13 的引脚 1 通过网络标号"PWM5"与元件 U3（PCA9685）的引脚 11 相连。

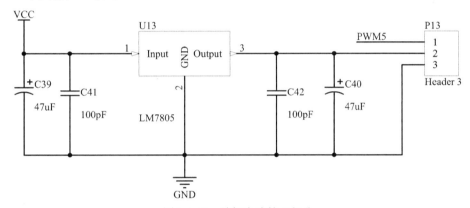

图 2-3-19　舵机电路第 5 部分

舵机电路第 6 部分如图 2-3-20 所示，元件 P15 的引脚 1 通过网络标号"PWM6"与元件 U3（PCA9685）的引脚 12 相连。

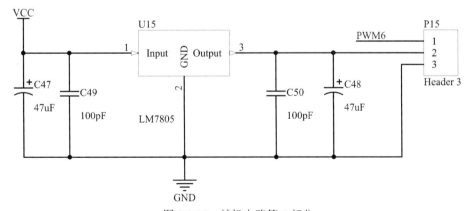

图 2-3-20　舵机电路第 6 部分

舵机电路第 7 部分如图 2-3-21 所示，元件 P17 的引脚 1 通过网络标号"PWM7"与元件 U3（PCA9685）的引脚 13 相连。

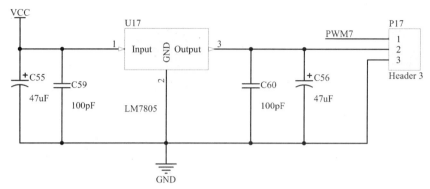

图 2-3-21 舵机电路第 7 部分

舵机电路第 8 部分如图 2-3-22 所示，元件 P18 的引脚 1 通过网络标号"PWM8"与元件 U3（PCA9685）的引脚 15 相连。

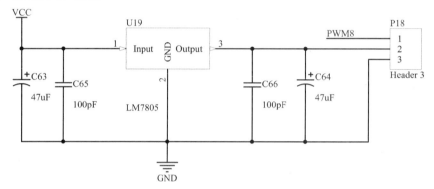

图 2-3-22 舵机电路第 8 部分

舵机电路第 9 部分如图 2-3-23 所示，元件 P19 的引脚 1 通过网络标号"PWM9"与元件 U3（PCA9685）的引脚 16 相连。

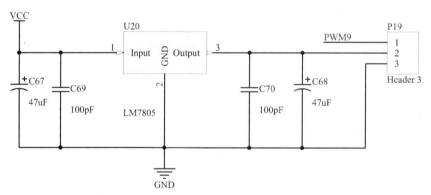

图 2-3-23 舵机电路第 9 部分

舵机电路第 10 部分如图 2-3-24 所示，元件 P20 的引脚 1 通过网络标号"PWM10"与元件 U8（PCA9685）的引脚 7 相连。

舵机电路第 11 部分如图 2-3-25 所示，元件 P21 的引脚 1 通过网络标号"PWM11"与元件 U8（PCA9685）的引脚 8 相连。

舵机电路第 12 部分如图 2-3-26 所示，元件 P22 的引脚 1 通过网络标号"PWM12"与元件 U8（PCA9685）的引脚 9 相连。

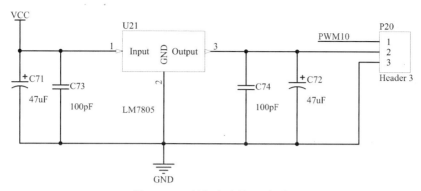

图 2-3-24　舵机电路第 10 部分

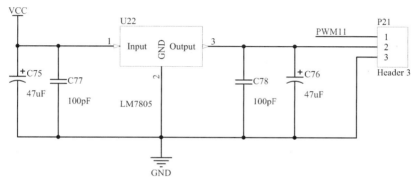

图 2-3-25　舵机电路第 11 部分

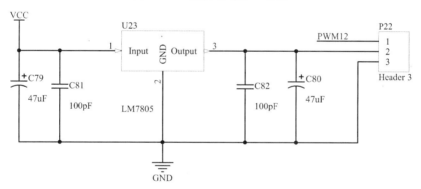

图 2-3-26　舵机电路第 12 部分

舵机电路第 13 部分如图 2-3-27 所示，元件 P6 的引脚 1 通过网络标号"PWM13"与元件 U8（PCA9685）的引脚 10 相连。

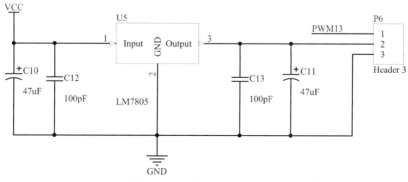

图 2-3-27　舵机电路第 13 部分

舵机电路第 14 部分如图 2-3-28 所示，元件 P8 的引脚 1 通过网络标号 "PWM14" 与元件 U8（PCA9685）的引脚 11 相连。

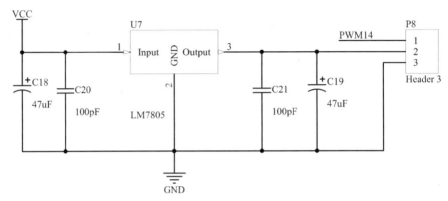

图 2-3-28　舵机电路第 14 部分

舵机电路第 15 部分如图 2-3-29 所示，元件 P10 的引脚 1 通过网络标号 "PWM15" 与元件 U8（PCA9685）的引脚 12 相连。

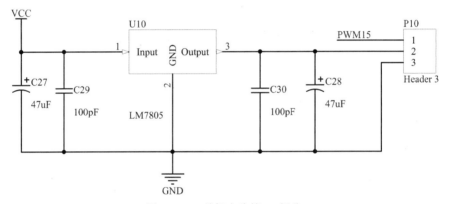

图 2-3-29　舵机电路第 15 部分

舵机电路第 16 部分如图 2-3-30 所示，元件 P12 的引脚 1 通过网络标号 "PWM16" 与元件 U8（PCA9685）的引脚 13 相连。

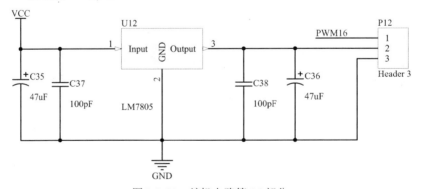

图 2-3-30　舵机电路第 16 部分

舵机电路第 17 部分如图 2-3-31 所示，元件 P14 的引脚 1 通过网络标号 "PWM17" 与元件 U8（PCA9685）的引脚 15 相连。

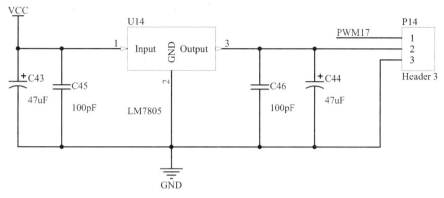

图 2-3-31 舵机电路第 17 部分

舵机电路第 18 部分如图 2-3-32 所示，元件 P16 的引脚 1 通过网络标号"PWM18"与元件 U8（PCA9685）的引脚 16 相连。

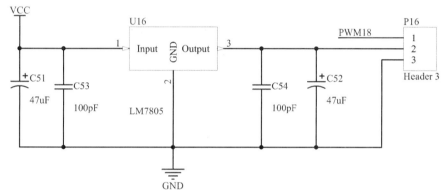

图 2-3-32 舵机电路第 18 部分

2.4 PCB 绘制

2.4.1 布局

执行"文件"→"新建"→"PCB"命令，将新创建的 PCB 保存并命名为"SixFoot.PcbDoc"。

执行"设计"→"Import Changes From 六足机器人.PrjPcb"命令，弹出"工程更改顺序"对话框，如图 2-4-1 所示。单击"生效更改"按钮，完成检测界面如图 2-4-2 所示。单击"执行更改"按钮，即可完成更改，如图 2-4-3 所示。单击"关闭"按钮，即可将元件封装导入 PCB。

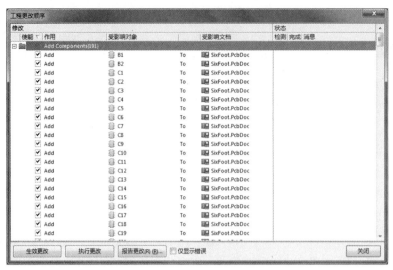

图 2-4-1 "工程更改顺序"对话框

图 2-4-2 完成检测界面

图 2-4-3 完成更改

将单片机最小系统电路中的元件放置在 PCB 的中央,如图 2-4-4 所示。将电源电路第 1 部分相关元件(见图 2-4-5)放置在单片机最小系统电路的下侧,接线端子 PCB 元件库放置在板边。

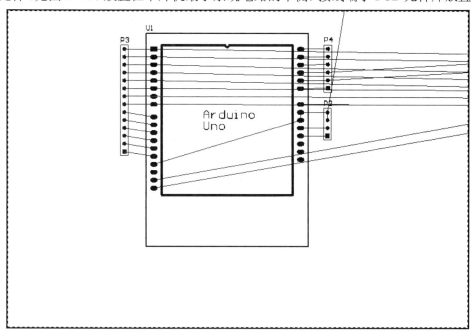

图 2-4-4　单片机最小系统电路中的元件

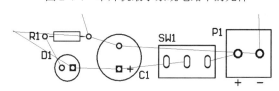

图 2-4-5　电源电路第 1 部分相关元件

将电源电路第 2 部分相关元件(见图 2-4-6)放置在单片机最小系统电路的左侧。将电源电路第 3 部分相关元件(见图 2-4-7)放置在单片机最小系统电路的右侧。

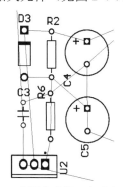
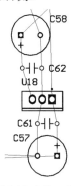

图 2-4-6　电源电路第 2 部分相关元件　　　　图 2-4-7　电源电路第 3 部分相关元件

将指示灯电路和独立按键电路(见图 2-4-8)放置在单片机最小系统电路的上侧,两个微动开关尽量放置在板边,以方便操作。

单片机最小系统电路、电源电路、指示灯电路和独立按键电路放置完毕后,4 部分电路的相对位

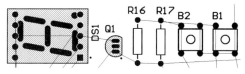

图 2-4-8　指示灯电路和独立按键电路

置关系如图 2-4-9 所示。

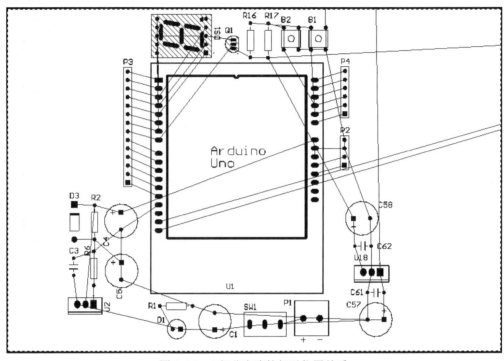

图 2-4-9　4 部分电路的相对位置关系

将 PWM 电路第 1 部分相关元件（见图 2-4-10）放置在单片机最小系统电路的左侧。将 PWM 电路第 2 部分相关元件（见图 2-4-11）放置在单片机最小系统电路的右侧。

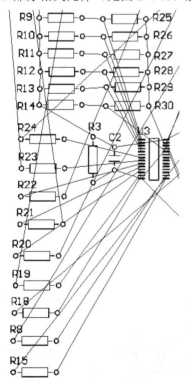 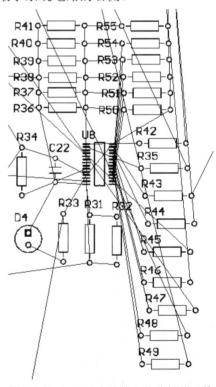

图 2-4-10　PWM 电路第 1 部分相关元件　　　图 2-4-11　PWM 电路第 2 部分相关元件

第 2 章 六足机器人 PCB 设计实例

小提示
◎ 默认 PCB 尺寸有可能较小，并不能放下全部元件，需要重新定义 PCB 尺寸。
◎ 扫描右侧二维码可观看重新定义 PCB 尺寸的相关步骤。
◎ 注意视频中的 4 条直线要组成封闭的几何图形。

将舵机电路第 1～9 部分（见图 2-4-12）放置在左侧板边。将舵机电路第 10～18 部分（见图 2-4-13）放置在右侧板边。

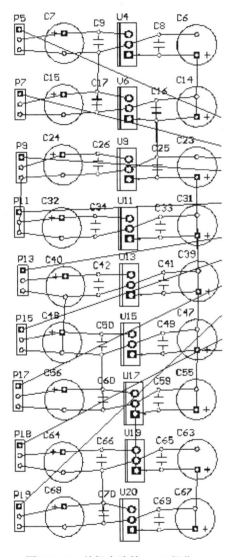

图 2-4-12　舵机电路第 1～9 部分

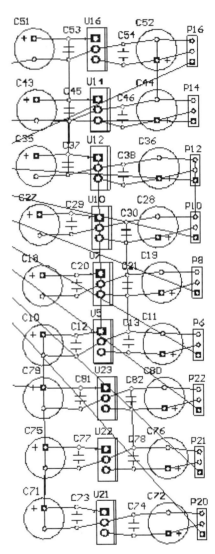

图 2-4-13　舵机电路第 10～18 部分

各部分电路均放置在 PCB 上，初步布局如图 2-4-14 所示。在电源电路下方出现了空白区域，因此需要调整布局，以减小 PCB 的空白区域。整体布局如图 2-4-15 所示。对整体布局再进行微调，适当调节元件间距，使元件可以沿某方向对齐，元件布局完毕如图 2-4-16 所示。

至此，六足机器人元件布局完毕。六足机器人 PCB 三维显示如图 2-4-17 所示。

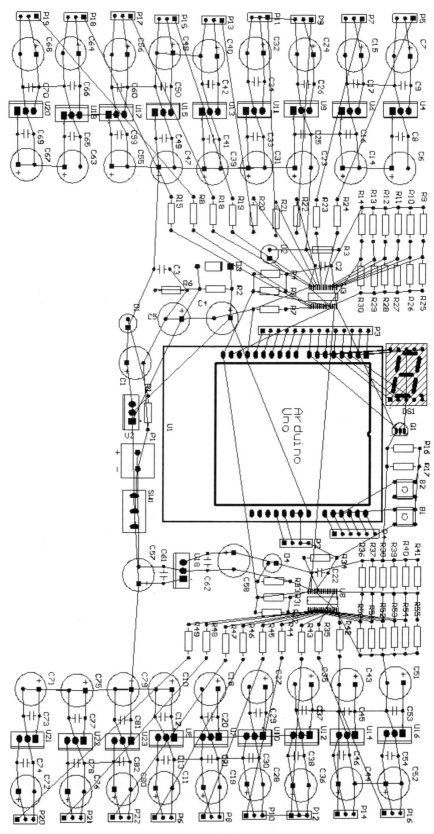

图 2-4-14 初步布局

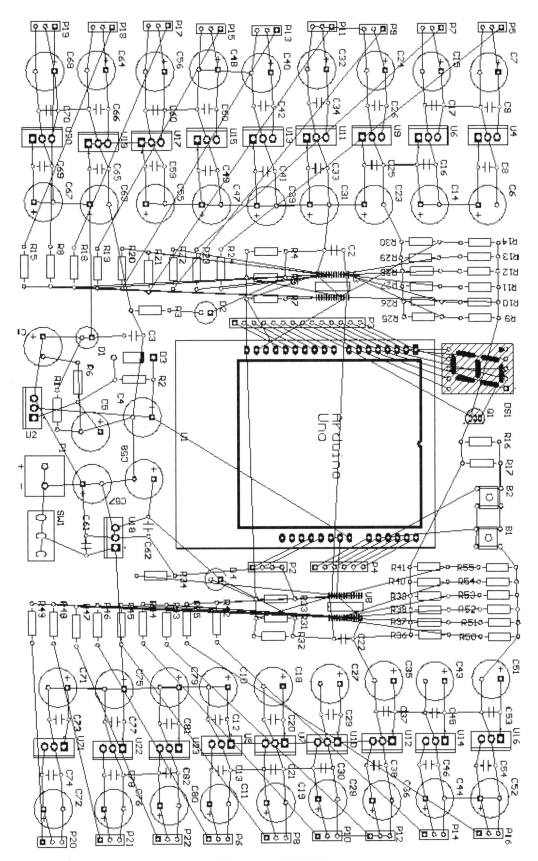

图 2-4-15 整体布局

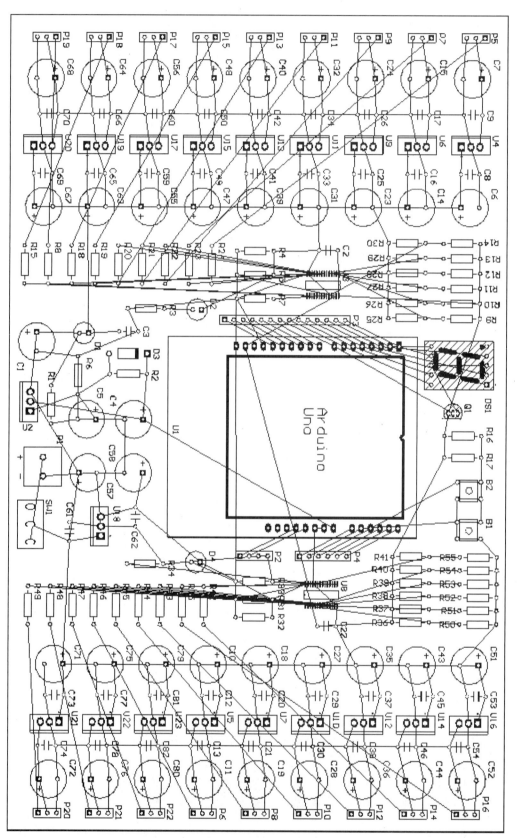

图 2-4-16 元件布局完毕

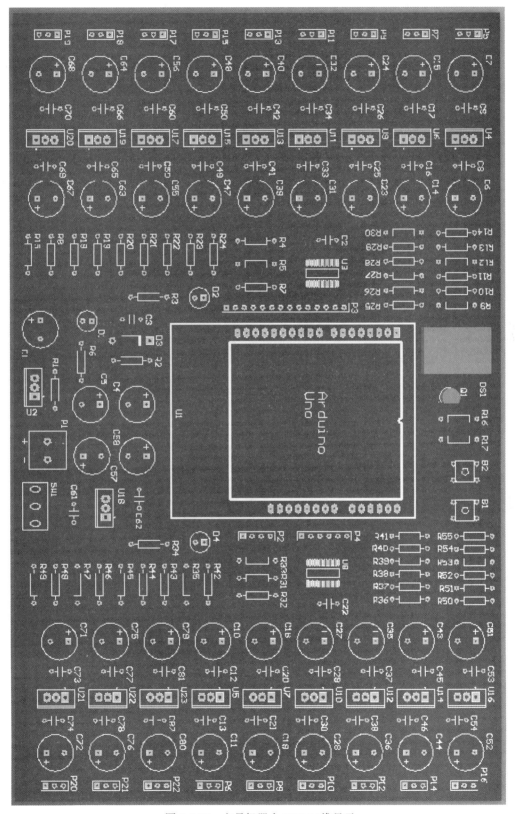

图 2-4-17 六足机器人 PCB 三维显示

小提示

◎ 扫描右侧二维码可观看六足机器人元件布局微调视频。
◎ 需要缩小 PCB 尺寸，重新定义 PCB 尺寸。
◎ 注意视频中的 4 条直线要组成封闭的几何图形。

2.4.2 布线

执行"设计"→"规则"命令，弹出"PCB 规则及约束编辑器"对话框，如图 2-4-18 所示。通过该对话框对布线规则进行设置。

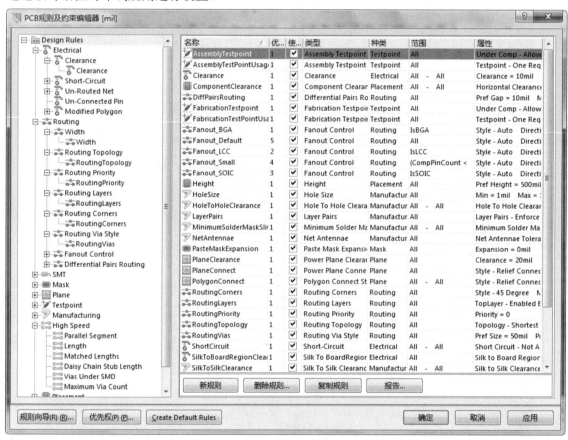

图 2-4-18 "PCB 规则及约束编辑器"对话框

单击"Electrical"选项中的"Clearance"选项，将导线与导线间距、焊盘与焊盘间距、导线与焊盘间距等均设置为"10mil"（双层板一般设置为 10mil，多层板一般设置为 7mil），如图 2-4-19 所示。

单击"Routing"选项中的"Width"选项，将"Min Width"设置为"7mil"，"Preferred Width"设置为"10mil"，"Max Width"设置为"15mil"，如图 2-4-20 所示。

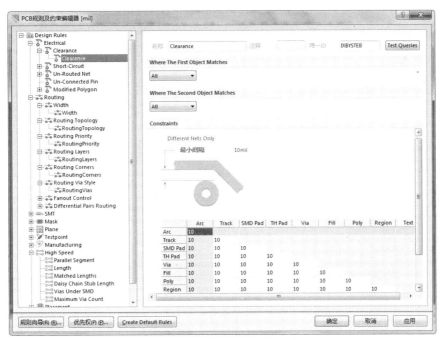

图 2-4-19 "Clearance"界面

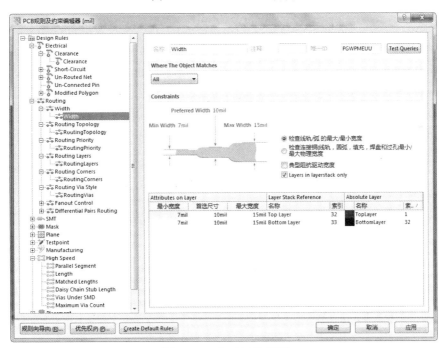

图 2-4-20 "Width"界面

右击"Width"选项,弹出快捷菜单,如图 2-4-21 所示。单击"新规则"选项。在弹出的界面中将"名称"设置为"VCC","Min Width"设置为"10mil","Preferred Width"设置为"20mil","Max Width"设置为"25mil","Net"设置为"VCC",如图 2-4-22 所示。

图 2-4-21 快捷菜单

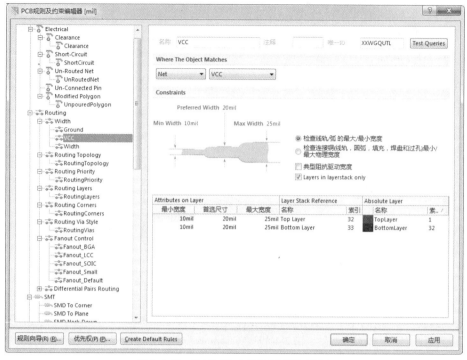

图 2-4-22 "VCC"电源网络线宽规则

右击"Width"选项,弹出快捷菜单。单击"新规则"选项,在弹出的界面中将"名称"设置为"Ground","Min Width"设置为"10mil","Preferred Width"设置为"30mil","Max Width"设置为"35mil","Net"设置为"GND",如图 2-4-23 所示。返回"Width"界面,设置相应优先权,"Ground"、"VCC"和"Width"的优先权依次减弱,如图 2-4-24 所示。

图 2-4-23 "GND"电源网络线宽规则

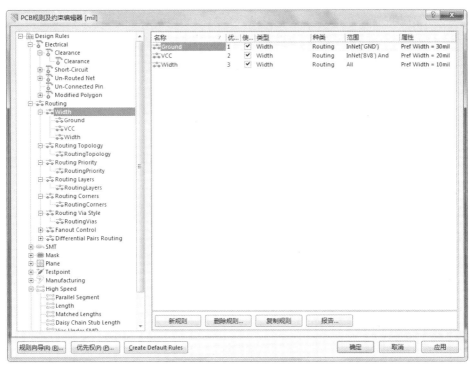

图 2-4-24 设置相应优先权

单击"Routing Topology"选项,设置各节点的布线方式,将"拓扑"设置为"Shortest",即所有节点连线最短,如图 2-4-25 所示。

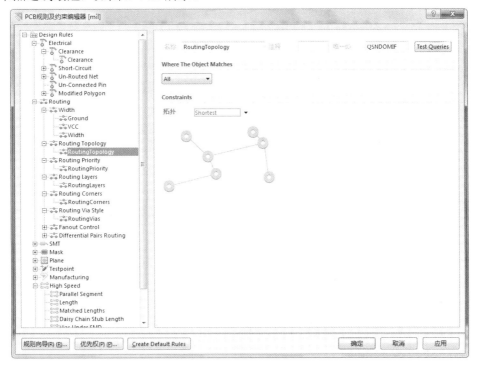

图 2-4-25 "Routing Topology"界面

单击"RoutingLayers"选项,设置各网络允许布线的工作层,本例选择所有网络可以在任意工作层布线,相应设置如图 2-4-26 所示。

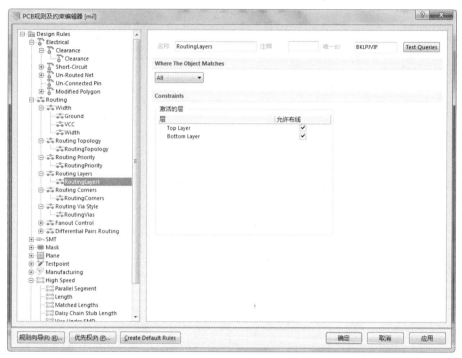

图 2-4-26 "Routing Layers"界面

单击"PCB 规则及约束编辑器"对话框中的"确定"按钮，即可完成基本规则设置。

执行"自动布线"→"全部"命令，弹出"Situs 布线策略"对话框，如图 2-4-27 所示。单击"Route All"按钮，等待一段时间后，自动布线会自动停止。顶层布线如图 2-4-28 所示；底层布线如图 2-4-29 所示。

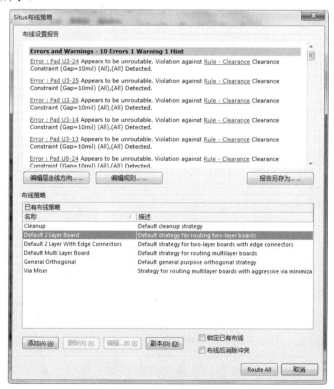

图 2-4-27 "Situs 布线策略"对话框

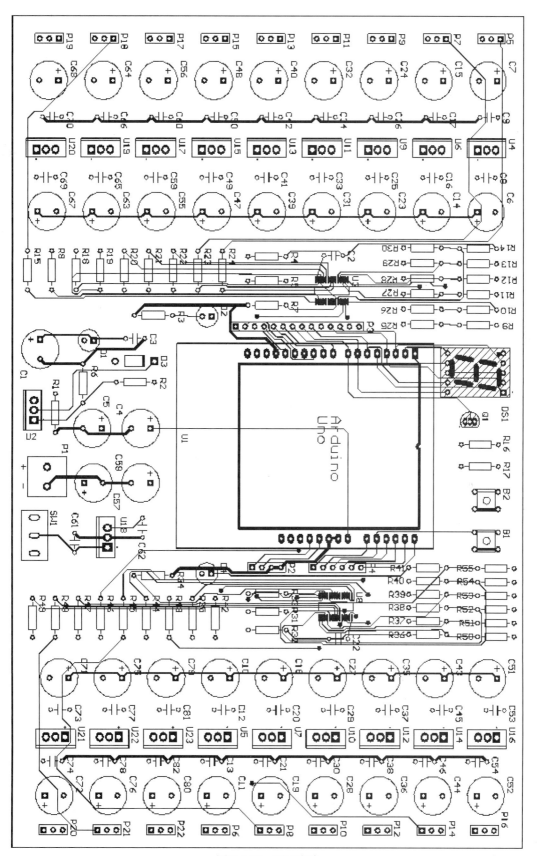

图 2-4-28 顶层布线

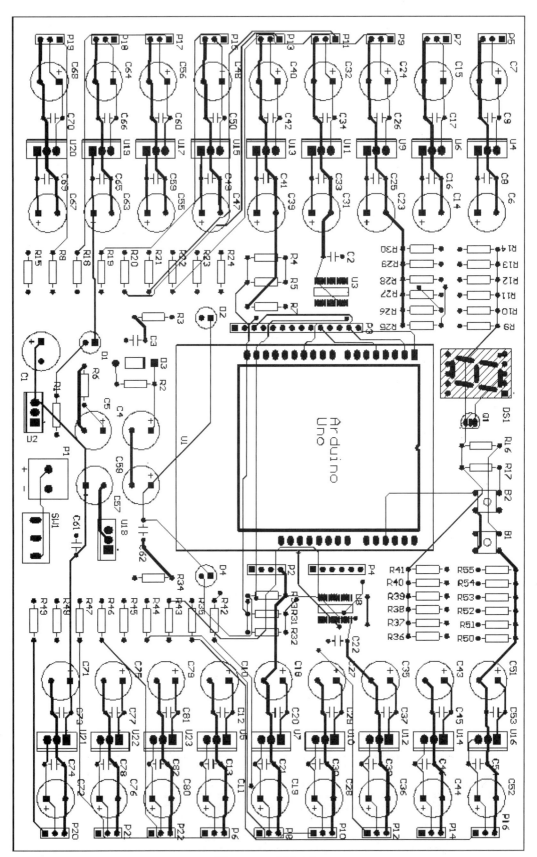

图 2-4-29 底层布线

小提示

◎ 扫描右侧二维码可观看六足机器人自动布线视频。

◎ 因为元件布局不同,所以自动布线的结果也不同。

执行"报告"→"板子信息"命令,弹出"PCB 信息"对话框,如图 2-4-30 所示。单击"报告"按钮,弹出"板报告"对话框,勾选"Routing Information"复选框,如图 2-4-31 所示。单击"报告"按钮,弹出如图 2-4-32 所示的布线信息,可见有 4 条飞线布线失败。布线失败的 4 条飞线,如图 2-4-33 和图 2-4-34 所示。

图 2-4-30 "PCB 信息"对话框

图 2-4-31 "板报告"对话框

```
Routing

Routing Information

Routing completion                          99.03%
Connections                                 412
Connections routed                          408
Connections remaining                       4
```

图 2-4-32 布线信息

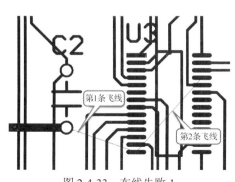

图 2-4-33 布线失败 1

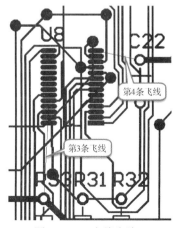

图 2-4-34 布线失败 2

通过手动布线的方式对布线失败的飞线进行连线。执行"放置"→"交互式布线"命令,在 PCB 顶层和 PCB 底层布线。执行"放置"→"过孔"命令，在 PCB 上放置过孔。布线失败的 4 条飞线经过手动布线后，如图 2-4-35 和图 2-4-36 所示。

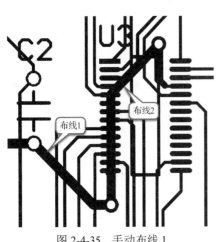

图 2-4-35　手动布线 1

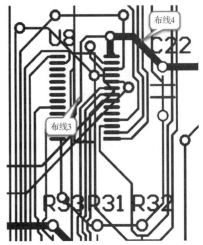

图 2-4-36　手动布线 2

小提示

◎ 扫描右侧二维码可观看六足机器人手动布线视频。

执行"工具"→"设计规则检查"命令，弹出"设计规则检测"对话框，如图 2-4-37 所示。单击"运行 DRC"按钮，弹出"Messages"对话框，如图 2-4-38 所示，"Messages"对话框中弹出的信息均可忽略。

图 2-4-37　"设计规则检测"对话框

图 2-4-38 "Messages"对话框

至此,六足机器人自动布线完毕。自动布线虽然具有连线快速等优点,但在实际工程中并不常用。下面进行六足机器人手动布线。

执行"工具"→"取消布线"→"全部"命令,取消并删除 PCB 中的所有布线。执行"放置"→"交互式布线"命令,为舵机电路手动布线,舵机电路第 1~9 部分底层布线如图 2-4-39 所示,舵机电路第 1~9 部分顶层布线如图 2-4-40 所示。

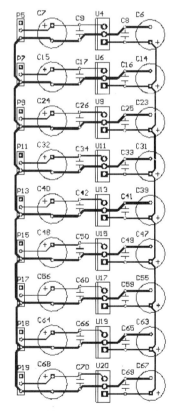
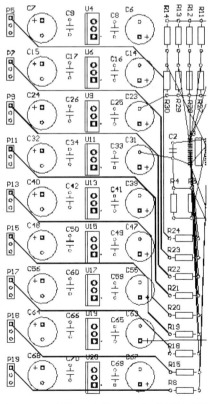

图 2-4-39 舵机电路第 1~9 部分底层布线　　图 2-4-40 舵机电路第 1~9 部分顶层布线

执行"放置"→"交互式布线"命令,为舵机电路手动布线,舵机电路第 10~18 部分底层布线如图 2-4-41 所示,舵机电路第 10~18 部分顶层布线如图 2-4-42 所示。

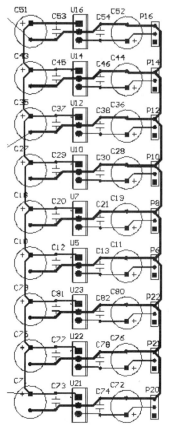
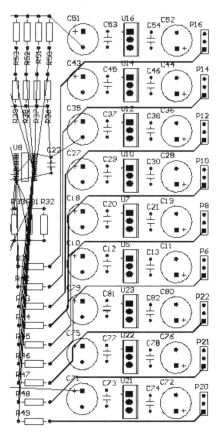

图 2-4-41　舵机电路第 10～18 部分底层布线　　　图 2-4-42　舵机电路第 10～18 部分顶层布线

执行"放置"→"交互式布线"命令，为电源电路手动布线，电源电路底层布线如图 2-4-43 所示，电源电路顶层布线如图 2-4-44 所示。

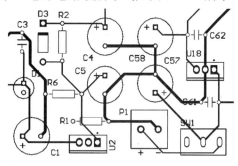
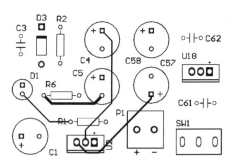

图 2-4-43　电源电路底层布线　　　　　　　图 2-4-44　电源电路顶层布线

执行"放置"→"交互式布线"命令，为显示电路和独立按键电路手动布线，显示电路和独立按键电路底层布线如图 2-4-45 所示，显示电路和独立按键电路顶层布线如图 2-4-46 所示。

执行"放置"→"交互式布线"命令，为接插件 P2 电路、接插件 P3 电路和接插件 P4 电路手动布线，接插件电路底层布线如图 2-4-47 所示，接插件电路顶层布线如图 2-4-48 所示。

执行"放置"→"交互式布线"命令，为 PWM 电路第 1 部分手动布线。PWM 电路第 1 部分布线比较复杂，需要修改舵机电路第 1～9 部分的布线。PWM 电路第 1 部分底层布线如图 2-4-49 所示，PWM 电路第 1 部分顶层布线如图 2-4-50 所示。

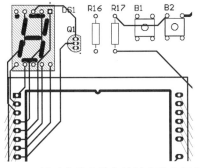

图 2-4-45　显示电路和独立按键电路底层布线

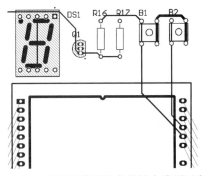

图 2-4-46　显示电路和独立按键电路顶层布线

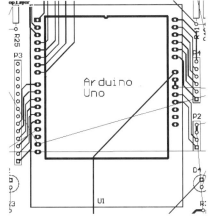

图 2-4-47　接插件电路底层布线

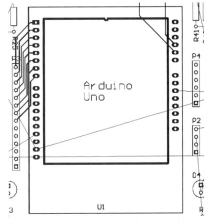

图 2-4-48　接插件电路顶层布线

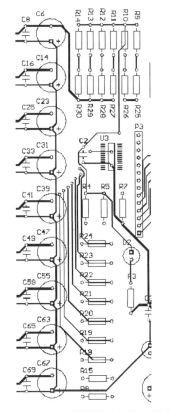

图 2-4-49　PWM 电路第 1 部分底层布线

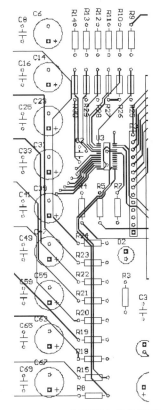

图 2-4-50　PWM 电路第 1 部分顶层布线

执行"放置"→"交互式布线"命令,为 PWM 电路第 2 部分手动布线。PWM 电路第 2 部分布线比较复杂,需要修改舵机电路第 10~18 部分的布线。PWM 电路第 2 部分底层布线如图 2-4-51 所示,PWM 电路第 2 部分顶层布线如图 2-4-52 所示。

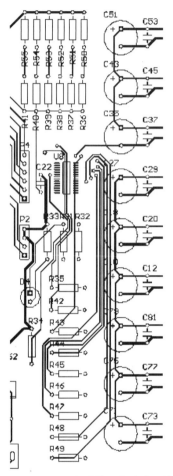
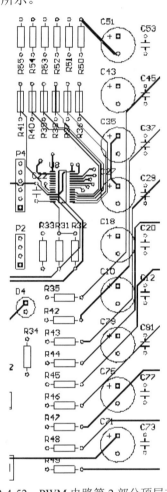

图 2-4-51　PWM 电路第 2 部分底层布线　　　　图 2-4-52　PWM 电路第 2 部分顶层布线

执行"报告"→"板子信息"命令,弹出"PCB 信息"对话框。单击"报告"按钮,弹出"板报告"对话框,勾选"Routing Information"复选框,单击"报告"按钮,弹出如图 2-4-53 所示的布线信息,由此可知所有飞线均布通。

Routing	
Routing Information	
Routing completion	100.00%
Connections	413
Connections routed	413
Connections remaining	0

图 2-4-53　布线信息

为了方便布线,可适当调节布线,也可适当调整元件的位置和方向。手动布线完毕后,切换至"Top Layer"层,顶层布线如图 2-4-54 所示;切换至"Bottom Layer"层,底层布线如图 2-4-55 所示。

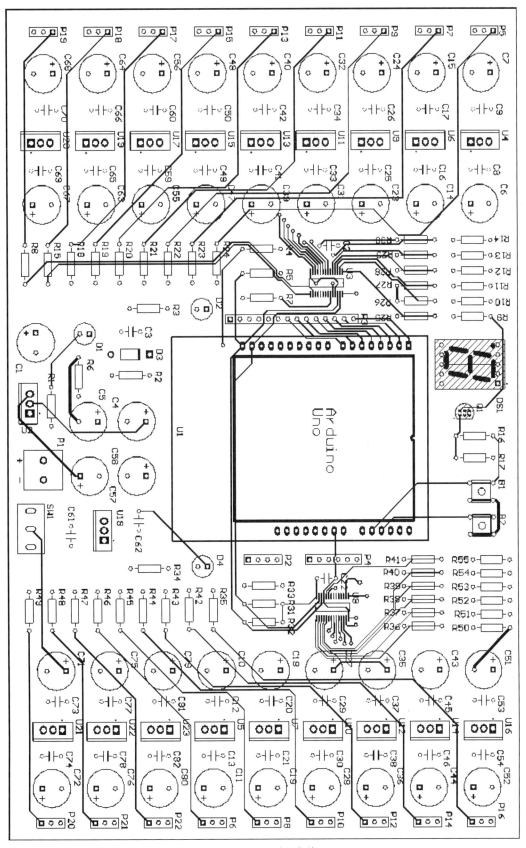

图 2-4-54 顶层布线

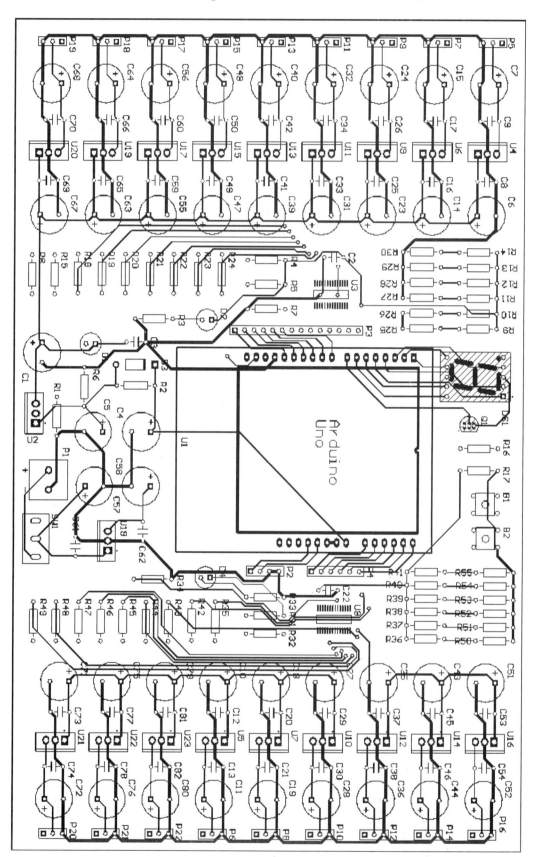

图 2-4-55　底层布线

执行"工具"→"设计规则检查"命令,弹出"设计规则检测"对话框,单击"运行 DRC"按钮,弹出"Messages"对话框,如图 2-4-56 所示,可忽略 PCA9685 引脚间距较小的警告信息,以及丝印与焊盘间距较小的警告信息。应重视焊盘与焊盘间距较小的警告信息,适当调整焊盘与焊盘间距。

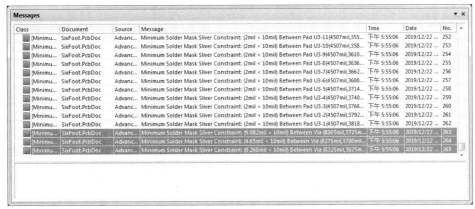

图 2-4-56 "Messages"对话框

至此,六足机器人 PCB 布线完毕。

小提示

◎ 扫描右侧二维码可观看六足机器人布线规则检查和焊盘间距调整视频。

2.4.3 敷铜

本小节为电源电路敷铜。执行"放置"→"多边形敷铜"命令,弹出"多边形敷铜"对话框,"层"选择"Bottom Layer","链接到网络"选择"8V8","8V8"网络底层敷铜参数如图 2-4-57 所示。单击"确定"按钮,即可绘制铜皮形状,"8V8"网络底层铜皮形状如图 2-4-58 所示。

图 2-4-57 "8V8"网络底层敷铜参数

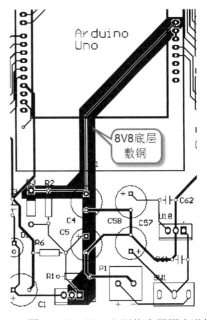

图 2-4-58 "8V8"网络底层铜皮形状

执行"放置"→"多边形敷铜"命令,弹出"多边形敷铜"对话框,"层"选择"Top Layer","链接到网络"选择"8V8","8V8"网络顶层敷铜参数如图 2-4-59 所示。单击"确定"按钮,即可绘制铜皮形状,"8V8"网络顶层铜皮形状如图 2-4-60 所示。

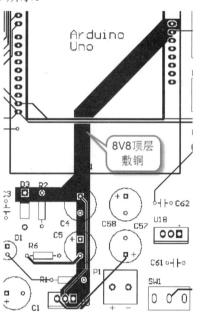

图 2-4-59 "8V8"网络顶层敷铜参数　　　　　图 2-4-60 "8V8"网络顶层铜皮形状

为了使"8V8"网络底层敷铜区域与顶层敷铜区域结合得更紧密,执行"放置"→"过孔"命令,在"8V8"网络敷铜区域放置一定数量的过孔。

仿照"8V8"网络敷铜的方法,对"VCC"网络进行敷铜,"VCC"网络底层铜皮形状如图 2-4-61 所示,"VCC"网络顶层铜皮形状如图 2-4-62 所示。

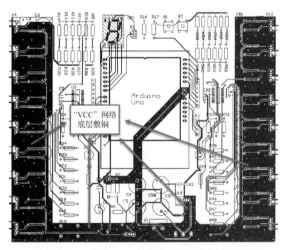
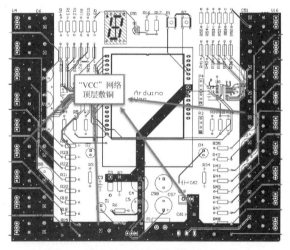

图 2-4-61 "VCC"网络底层铜皮形状　　　　　图 2-4-62 "VCC"网络顶层铜皮形状

仿照"8V8"网络敷铜的方法,对"GND"网络进行敷铜,覆盖整个 PCB 即可,"GND"网络底层铜皮形状如图 2-4-63 所示,"GND"网络顶层铜皮形状如图 2-4-64 所示。

至此,六足机器人 PCB 敷铜完毕,六足机器人 PCB 顶层效果如图 2-4-65 所示,六足机器人 PCB 底层效果如图 2-4-66 所示,六足机器人 PCB 三维视图效果如图 2-4-67 所示。

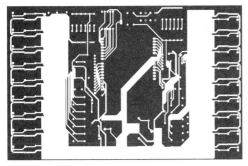

图 2-4-63 "GND"网络底层铜皮形状

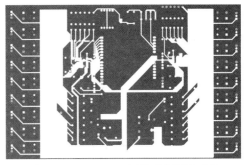

图 2-4-64 "GND"网络顶层铜皮形状

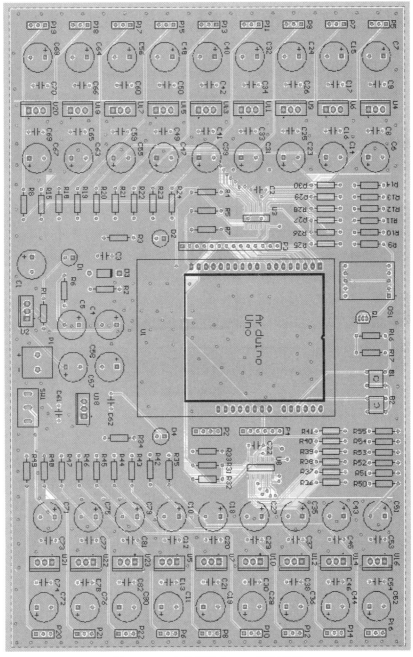

图 2-4-65 六足机器人 PCB 顶层效果

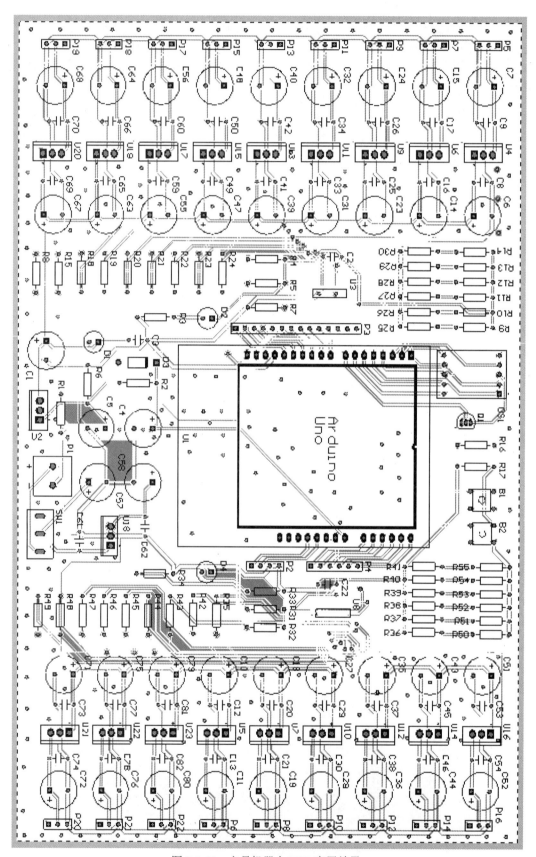

图 2-4-66 六足机器人 PCB 底层效果

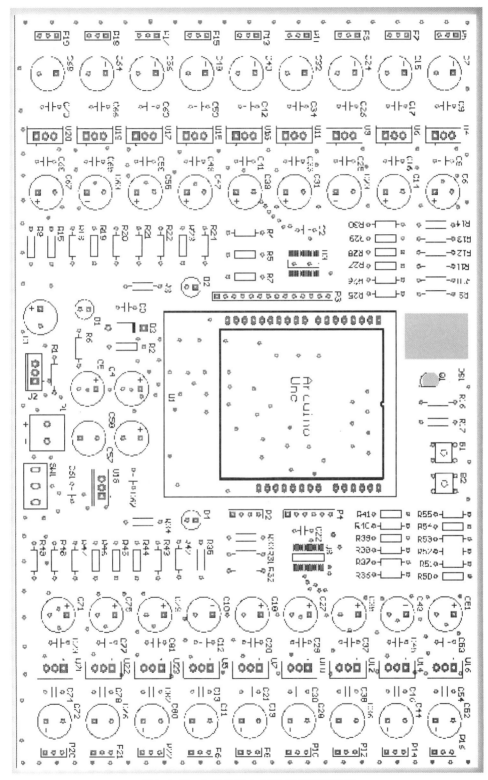

图 2-4-67 六足机器人 PCB 三维视图效果

小提示

◎ 读者敷铜时不一定与本实例的铜皮形状完全相同。

第 3 章　双足机器人 PCB 设计实例

3.1　整体设计思路

双足机器人电路包括单片机最小系统电路、电源电路、PWM 电路、独立按键电路、指示灯电路和舵机电路。双足机器人硬件系统框图如图 3-1-1 所示。

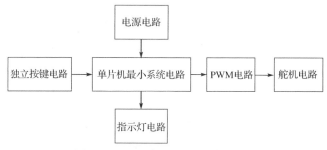

图 3-1-1　双足机器人硬件系统框图

单片机最小系统电路可以选择 Arduino NANO 开发板。Arduino NANO 开发板是一个基于 ATmega328（Arduino NANO 3.x）的小型开发板，它只有一个直流电源插孔，并使用 miniUSB 线。

电源电路需要提供 12V 电源网络和多路 5V 电源网络，主要元件可以选用 LM317 和 LM7806。

PWM 电路需要提供 6 路 PWM（双足机器人的每一足有 3 个关节，所以需要用 6 路 PWM 进行控制），主要元件可以选用 PCA9685。PCA9685 是一款基于 IIC 总线通信的 12 位精度 16 通道 PWM 波输出的芯片。

独立按键电路主要由独立按键组成，用于切换模式。

指示灯电路主要由 LED 组成，LED 用于指示各部分电路的状态。

舵机电路主要由 LM7805、电容、电阻、LED 和排针组成，排针与舵机的信号线、电源线和地线相连。

本实例中涉及的元件尽量选择贴片式封装，Altium Designer 中的元件库并没有包含本实例要使用的所有元件，因此需要自行绘制所需元件的原理图库和 PCB 元件库。

新建双足机器人 PCB 设计工程项目。执行"开始"→"所有程序"→"Altium"命令，启动 Altium Designer。由于操作系统不同，所以快捷方式的位置可能会略有变化。

执行"文件"→"New"→"Project"命令，弹出"New Project"对话框，在"Project Types"列表框中选择"PCB Project"选项，在"Project Templates"列表框中选择"<Default>"选项，在"Name"文本框中输入"双足机器人"，将"Location"设置为"E:\机器人\机器人 PCB\project\3"。单击"New Project"对话框中的"OK"按钮，完成新建工程项目。"Projects"窗格中出现"双足机器人.PrjPcb"选项，如图 3-1-2 所示。

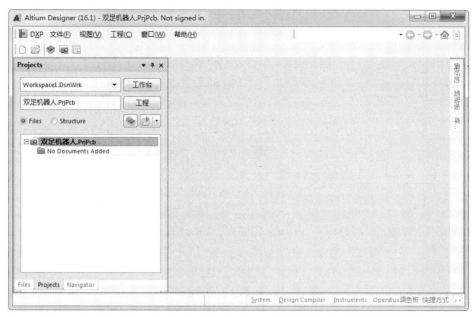

图 3-1-2　完成新建工程项目

3.2　元件库绘制

3.2.1　Arduino NANO 转接板元件库

执行"文件"→"New"→"Library"→"原理图库"命令，将新创建的原理图库保存并命名为"Arduino NANO 转接板.SchLib"。在绘制 Arduino NANO 转接板原理图库时，需要根据 Arduino NANO 开发板的各引脚进行编辑。Arduino NANO 开发板引脚示意图如图 3-2-1 所示。

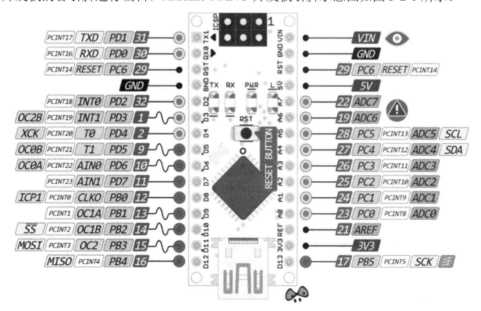

图 3-2-1　Arduino NANO 开发板引脚示意图

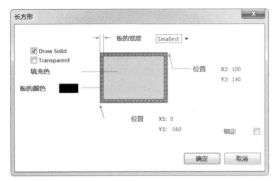

图 3-2-2 "长方形"对话框的参数设置

执行"放置"→"矩形"命令，并按下 Tab 键，弹出"长方形"对话框，其参数设置如图 3-2-2 所示，单击"长方形"对话框中的"确定"按钮，即可将矩形放置在图纸上。

执行"放置"→"引脚"命令，在矩形左侧放置 15 个引脚。由上向下依次将引脚标识修改为"1"、"2"、"3"、"4"、"5"、"6"、"7"、"8"、"9"、"10"、"11"、"12"、"13"、"14"和"15"。由上向下依次将引脚名称修改为"TXD"、"RXD"、"RESET"、"GND"、"PD2"、"PD3"、"PD4"、"PD5"、"PD6"、"PD7"、"PB0"、"PB1"、"PB2"、"PB3"和"PB4"。

执行"放置"→"引脚"命令，在矩形右侧放置 15 个引脚。由下向上依次将引脚标识修改为"16"、"17"、"18"、"19"、"20"、"21"、"22"、"23"、"24"、"25"、"26"、"27"、"28"、"29"和"30"。由下向上依次将引脚名称修改为"PB5"、"3V3"、"AREF"、"PC0"、"PC1"、"PC2"、"PC3"、"PC4"、"PC5"、"ADC6"、"ADC7"、"5V"、"PC6""、"GND"和"VIN"。引脚放置完毕如图 3-2-3 所示。

执行"工具"→"重新命名器件"命令，弹出"Rename Component"对话框，将新创建的原理图库命名为"Arduino NANO"，单击"确定"按钮，即可完成重命名。

单击"SCH Library"窗格中器件栏的"编辑"按钮，弹出"Library Component Properties"对话框，将"Default Designator"设置为"U?"，"Default Comment"设置为"Arduino NANO"，单击"OK"按钮，即可完成 Arduino NANO 转接板原理图库的设置。

至此，Arduino NANO 转接板原理图库绘制完毕，如图 3-2-4 所示。

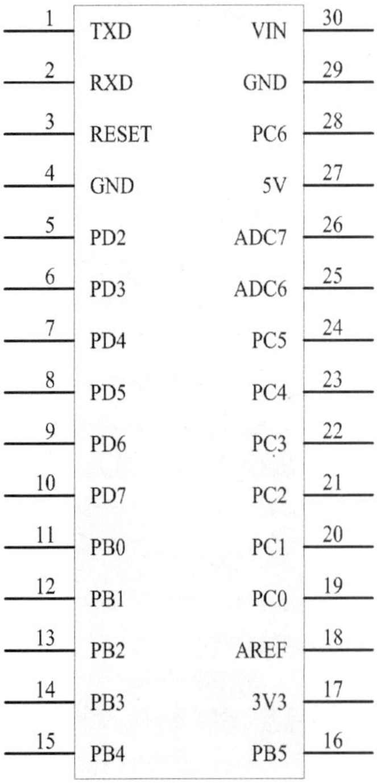

图 3-2-3　引脚放置完毕 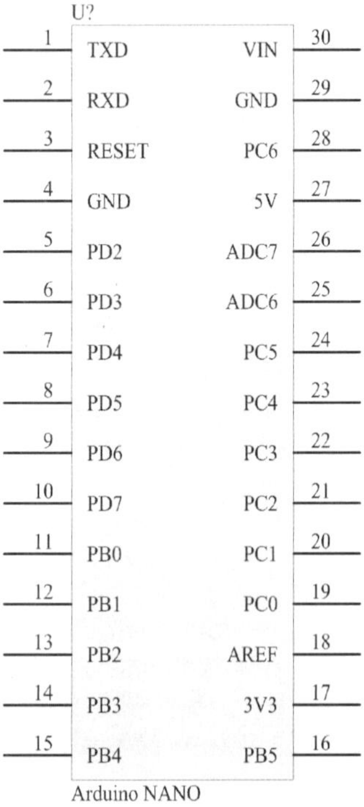　　　　　图 3-2-4　Arduino NANO 转接板原理图库

执行"文件"→"New"→"Library"→"PCB 元件库"命令，将新创建的 PCB 元件库保存并命名为"Arduino NANO 转接板.PcbLib"。在绘制 Arduino NANO 转接板 PCB 元件库时，需要根据 Arduino NANO 开发板 PCB 尺寸图进行绘制，Arduino NANO 开发板 PCB 尺寸图如图 3-2-5 所示。

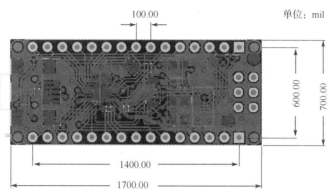

图 3-2-5　Arduino NANO 开发板 PCB 尺寸图

执行"工具"→"元器件向导"命令，弹出"Component Wizard"对话框，表示 PCB 器件向导已经启动。单击"Component Wizard"对话框中的"一步"按钮，弹出"器件图案"界面，选择"Dual In-line Packages(DIP)"，将单位设置为"mil"，如图 3-2-6 所示。

单击"Component Wizard"对话框中的"一步"按钮，弹出"Define the pads dimensions"（定义焊盘尺寸）界面，将焊盘形状设置为椭圆形，长轴设置为"100mil"，短轴设置为"70mil"，孔径设置为"36mil"，如图 3-2-7 所示。

图 3-2-6　"器件图案"界面

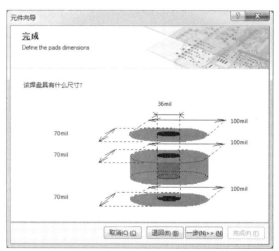

图 3-2-7　定义焊盘尺寸界面

单击"元件向导"对话框中的"一步"按钮，弹出"Define the pads layout"（定义焊盘间距）界面，将相邻焊盘的横向间距设置为"600mil"，纵向间距设置为"100mil"，如图 3-2-8 所示。

单击"元件向导"对话框中的"一步"按钮，弹出"Define the outline width"（定义外框宽度）界面，将外框宽度设置为"10mil"，如图 3-2-9 所示。

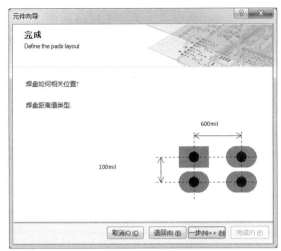
图 3-2-8　定义焊盘间距界面

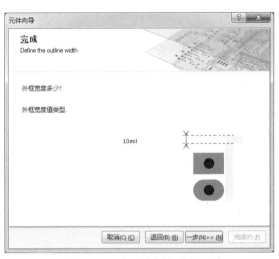
图 3-2-9　定义外框宽度界面

单击"元件向导"对话框中的"一步"按钮，弹出"设置焊盘数目"界面，将焊盘总数设置为"30"，如图 3-2-10 所示。

单击"元件向导"对话框中的"一步"按钮，弹出"Set the component name"（元件命名）界面，将元件命名为"DIP30"，如图 3-2-11 所示。

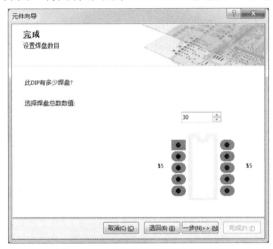
图 3-2-10　"设置焊盘数目"界面

图 3-2-11　元件命名界面

单击"元件向导"对话框中的"一步"按钮，弹出完成任务界面。单击"元件向导"对话框中的"完成"按钮，即可将绘制出的元件放置在图纸上，Arduino NANO 转接板 PCB 元件库如图 3-2-12 所示。

需要将 Arduino NANO 转接板 PCB 元件库中的 DIP30 封装加载到 Arduino NANO 转接板原理图库中，可参考 2.2.1 节所述方法。当"SCH Library"窗格如图 3-2-13 所示时，证明封装已经加载完毕。

至此，Arduino NANO 转接板 PCB 元件库绘制完毕。

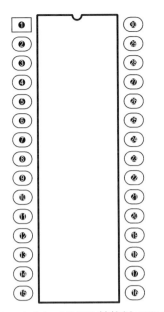

图 3-2-12　Arduino NANO 转接板 PCB 元件库

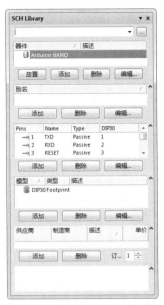

图 3-2-13　"SCH Library"窗格

3.2.2　LM317 元件库（贴片）

执行"文件"→"New"→"Library"→"原理图库"命令，将新创建的原理图库保存并命名为"LM317t.SchLib"。在绘制 LM317 原理图库时，需要查看 LM317 数据手册。LM317 引脚示意图如图 3-2-14 所示。

执行"放置"→"矩形"命令，并按下 Tab 键，弹出"长方形"对话框，其参数设置如图 3-2-15 所示，单击"确定"按钮，即可将矩形放置在图纸上。

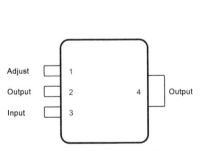

图 3-2-14　LM317 引脚示意图

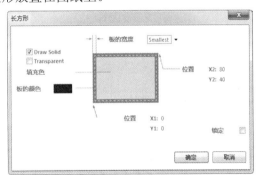

图 3-2-15　"长方形"对话框的参数设置

执行"放置"→"引脚"命令，并按下 Tab 键，弹出"管脚属性"对话框。将"显示名字"设置为"Adjust"，"标识"设置为"1"，单击"确定"按钮，即可完成引脚 1 的属性设置，并将其放置在矩形的下方。

执行"放置"→"引脚"命令，并按下 Tab 键，弹出"管脚属性"对话框。将"显示名字"设置为"Output"，"标识"设置为"2"，"电气类型"设置为"Output"，单击"确定"按钮，即可完成引脚 2 的属性设置，并将其放置在矩形的右侧。

执行"放置"→"引脚"命令，并按下 Tab 键，弹出"管脚属性"对话框。将"显示名字"设置为"Input"，"标识"设置为"3"，"电气类型"设置为"Input"，单击"确定"按钮，即可完成引脚 3 的属性设置，并将其放置在矩形的左侧。

执行"放置"→"引脚"命令，并按下 Tab 键，弹出"管脚属性"对话框。将"显示名字"设置为"Output"，"标识"设置为"4"，"电气类型"设置为"Output"，单击"确定"按钮，即可完成引脚 4 的属性设置，并将其放置在矩形的右侧。4 个引脚放置完毕如图 3-2-16 所示。

执行"工具"→"重新命名器件"命令，弹出"Rename Component"对话框，将新创建的原理图库命名为"LM317t"，单击"确定"按钮，即可完成重命名。

单击"SCH Library"窗格中器件栏的"编辑"按钮，弹出"Library Component Properties"对话框，将"Default Designator"设置为"U?"，"Default Comment"设置为"LM317t"，单击"OK"按钮，即可完成 LM317 原理图库的设置。

至此，LM317 原理图库绘制完毕，如图 3-2-17 所示。

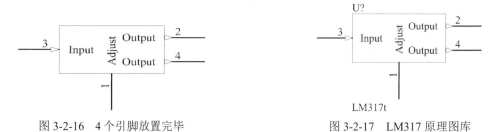

图 3-2-16　4 个引脚放置完毕　　　　　　图 3-2-17　LM317 原理图库

小提示

◎ 将 LM317 原理图库放置在原理图图纸上才会出现"U?"和"LM317t"。

执行"文件"→"New"→"Library"→"PCB 元件库"命令，将新创建的 PCB 元件库保存并命名为"LM317t.PcbLib"。在绘制 LM317 PCB 元件库时，需要根据 LM317 封装尺寸进行绘制。LM317 封装尺寸图如图 3-2-18 所示。

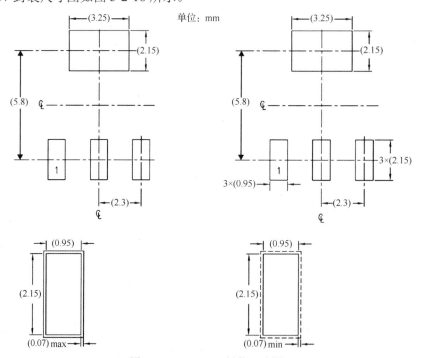

图 3-2-18　LM317 封装尺寸图

执行"放置"→"焊盘"命令,并按下 Tab 键,弹出"焊盘"对话框。将"位置"选区中的"X"设置为"-2.3mm","Y"设置为"-5.8mm","旋转"设置为"0.000";将"属性"选区中的"标识"设置为"1","层"设置为"Top Layer";将"尺寸和外形"选区中的"X-Size"设置为"0.95mm","Y-Size"设置为"2.15mm","外形"设置为"Rectangular",如图 3-2-19 所示。

图 3-2-19 焊盘 1

执行"放置"→"焊盘"命令,并按下 Tab 键,弹出"焊盘"对话框。将"位置"选区中的"X"设置为"0mm","Y"设置为"-5.8mm","旋转"设置为"0.000";将"属性"选区中的"标识"设置为"2","层"设置为"Top Layer";将"尺寸和外形"选区中的"X-Size"设置为"0.95mm","Y-Size"设置为"2.15mm","外形"设置为"Rectangular",如图 3-2-20 所示。

执行"放置"→"焊盘"命令,并按下 Tab 键,弹出"焊盘"对话框。将"位置"选区中的"X"设置为"2.3mm","Y"设置为"-5.8mm","旋转"设置为"0.000";将"属性"选区中的"标识"设置为"3","层"设置为"Top Layer";将"尺寸和外形"选区中的"X-Size"设置为"0.95mm","Y-Size"设置为"2.15mm","外形"设置为"Rectangular",如图 3-2-21 所示。

执行"放置"→"焊盘"命令,并按下 Tab 键,弹出"焊盘"对话框。将"位置"选区中的"X"设置为"0mm","Y"设置为"0mm","旋转"设置为"0.000";将"属性"选区中的"标识"设置为"4","层"设置为"Top Layer";将"尺寸和外形"选区中的"X-Size"设置为"3.25mm","Y-Size"设置为"2.15mm","外形"设置为"Rectangular",如图 3-2-22 所示。

切换至"Top Overlay"图层,执行"放置"→"走线"命令,放置 2 条横线和 2 条竖线。双击第 1 条横线,其参数设置如图 3-2-23 所示。双击第 2 条横线,其参数设置如图 3-2-24 所示。双击第 1 条竖线,其参数设置如图 3-2-25 所示。双击第 2 条竖线,其参数设置如图 3-2-26 所示。至此,LM317 PCB 元件库绘制完毕,如图 3-2-27 所示。

图 3-2-20　焊盘 2

图 3-2-21　焊盘 3

第 3 章 双足机器人 PCB 设计实例

图 3-2-22 焊盘 4

图 3-2-23 第 1 条横线的参数设置

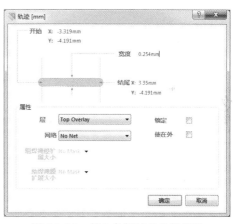

图 3-2-24 第 2 条横线的参数设置

图 3-2-25 第 1 条竖线的参数设置

图 3-2-26 第 2 条竖线的参数设置

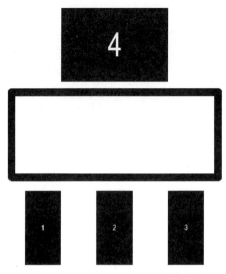

图 3-2-27　LM317 PCB 元件库

单击"PCB Library"窗格中的"PCBCOMPONENT_1"选项，弹出"PCB 库元件"对话框，将"名称"设置为"SOT223"，单击"确定"按钮，即可完成名称设置。

需要将 LM317 PCB 元件库中的 SOT223 封装加载到 LM317 原理图库中，可参考 2.2.1 节所述方法。当"SCH Library"窗格如图 3-2-28 所示时，表示封装已经加载完毕。

图 3-2-28　"SCH Library"窗格

3.2.3　LM7805 元件库（贴片）

LM7805 原理图库已在第 2 章绘制完毕，本章不再进行绘制，直接使用即可。本章只需要绘制出 LM7805 PCB 元件库，并将其加载到 LM7805 原理图库中。

执行"文件"→"New"→"Library"→"PCB 元件库"命令,将新创建的 PCB 元件库保存并命名为"LM7805t.PcbLib"。在绘制 LM7805 PCB 元件库时,需要根据 LM7805 封装尺寸进行绘制,LM7805 封装尺寸图如图 3-2-29 所示。

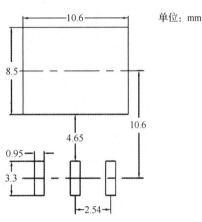
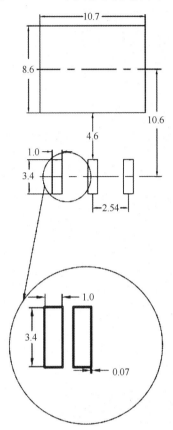

图 3-2-29　LM317 封装尺寸图

执行"放置"→"焊盘"命令,并按下 Tab 键,弹出"焊盘"对话框。将"位置"选区中的"X"设置为"-2.54mm","Y"设置为"-10.6mm","旋转"设置为"0.000";将"属性"选区中的"标识"设置为"1","层"设置为"Top Layer";将"尺寸和外形"选区中的"X-Size"设置为"1mm","Y-Size"设置为"3.4mm","外形"设置为"Rectangular",如图 3-2-30 所示。

执行"放置"→"焊盘"命令,并按下 Tab 键,弹出"焊盘"对话框。将"位置"选区中的"X"设置为"0mm","Y"设置为"-10.6mm","旋转"设置为"0.000";将"属性"选区中的"标识"设置为"2","层"设置为"Top Layer";将"尺寸和外形"选区中的"X-Size"设置为"1mm","Y-Size"设置为"3.4mm","外形"设置为"Rectangular",如图 3-2-31 所示。

执行"放置"→"焊盘"命令,并按下 Tab 键,弹出"焊盘"对话框。将"位置"选区中的"X"设置为"0mm","Y"设置为"0mm","旋转"设置为"0.000",将"属性"选区中的"标识"设置为"2","层"设置为"Top Layer";将"尺寸和外形"选区中的"X-Size"设置为"10.7mm","Y-Size"设置为"8.6mm","外形"设置为"Rectangular",如图 3-2-32 所示。

执行"放置"→"焊盘"命令,并按下 Tab 键,弹出"焊盘"对话框。将"位置"选区中的"X"设置为"2.54mm","Y"设置为"-10.6mm","旋转"设置为"0.000",将"属性"选区中的"标识"设置为"3","层"设置为"Top Layer";将"尺寸和外形"选区中的"X-Size"设置为"1mm","Y-Size"设置为"3.4mm","外形"设置为"Rectangular",如图 3-2-33 所示。

图 3-2-30　焊盘 1

图 3-2-31　焊盘 2（小）

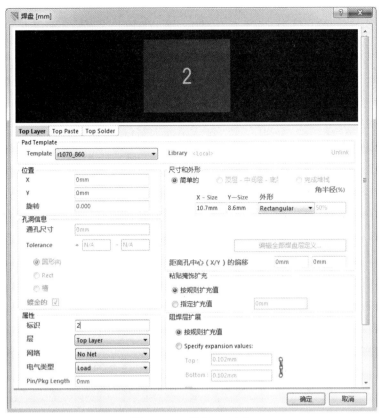

图 3-2-32　焊盘 2（大）

图 3-2-33　焊盘 3

切换至"Top Overlay"图层，执行"放置"→"走线"命令，放置 4 条横线和 4 条竖线。双击第 1 条横线，其参数设置如图 3-2-34 所示。双击第 2 条横线，其参数设置如图 3-2-35 所示。双击第 3 条横线，其参数设置如图 3-2-36 所示。双击第 4 条横线，其参数设置如图 3-2-37 所示。双击第 1 条竖线，其参数设置如图 3-2-38 所示。双击第 2 条竖线，其参数设置如图 3-2-39 所示。双击第 3 条竖线，其参数设置如图 3-2-40 所示。双击第 4 条竖线，其参数设置如图 3-2-41 所示。至此，LM7805 PCB 元件库绘制完毕，如图 3-2-42 所示。

图 3-2-34 第 1 条横线的参数设置

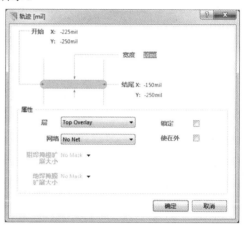

图 3-2-35 第 2 条横线的参数设置

图 3-2-36 第 3 条横线的参数设置

图 3-2-37 第 4 条横线的参数设置

图 3-2-38 第 1 条竖线的参数设置

图 3-2-39 第 2 条竖线的参数设置

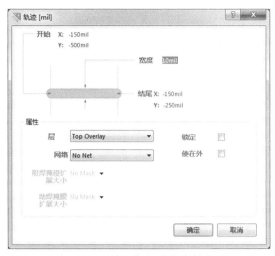
图 3-2-40 第 3 条竖线的参数设置

图 3-2-41 第 4 条竖线的参数设置

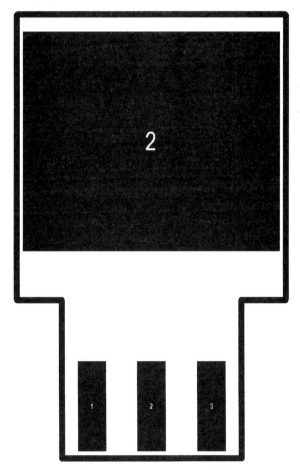
图 3-2-42 LM7805 PCB 元件库

单击 "PCB Library" 窗格中的 "PCBCOMPONENT_1" 选项，弹出 "PCB 库元件" 对话框，将 "名称" 设置为 "DDPAK"，单击 "确定" 按钮，即可完成名称设置。

需要将 LM7805 PCB 元件库中的 DDPAK 封装加载到 LM7805 原理图库中，可参考 2.2.1 节所述方法。当 "SCH Library" 窗格如图 3-2-43 所示时，证明封装已经加载完毕。

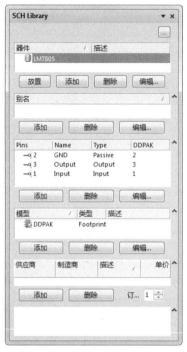

图 3-2-43 "SCH Library"窗格

3.3 原理图绘制

3.3.1 电源电路

执行"文件"→"新建"→"原理图"命令,将新创建的原理图保存并命名为"TwoFoot.SchDoc"。

电源电路由两部分组成,电源电路第 1 部分如图 3-3-1 所示,主要由接线端子、拨动开关、电解电容、LED 和电阻组成。电源电路的主要功能是控制接入电源的断开或闭合。C2 的封装选择"EC-200";R8 的封装选择"6-0805_N";D2 的封装选择"3.5×2.8×1.9"。

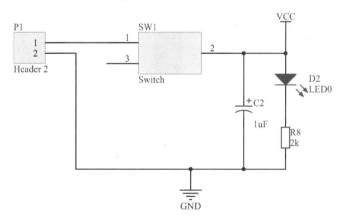

图 3-3-1 电源电路第 1 部分

小提示

◎ 本例中电容的封装类型均选择"C0805"（电解电容 C2 除外）。
◎ 本例中电阻的封装类型均选择"6-0805_N"。
◎ 本例中 LED 的封装类型均选择"3.5×2.8×1.9"。

电源电路第 2 部分如图 3-3-2 所示，主要由 LM317、电容、二极管和电阻组成。"VCC"电源网络一般由 3 块锂电池供电，共 11.1V。"8V8"电源网络可以为 Arduino NANO 元件供电。

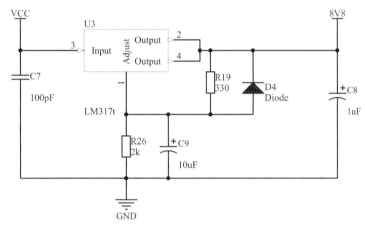

图 3-3-2　电源电路第 2 部分

3.3.2　单片机最小系统电路

单片机最小系统电路如图 3-3-3 所示，主要由 Arduino NANO 元件、电容和排针组成。元件 P7 和元件 P8 的主要功能是引出 Arduino NANO 元件的引脚，方便扩展使用。

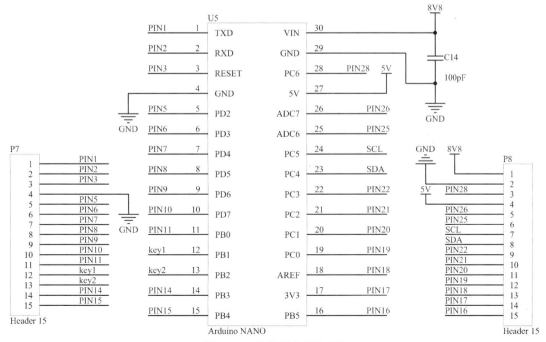

图 3-3-3　单片最小系统电路

> 小提示
> ◎ 后续将介绍网络标号的连接情况。

3.3.3 独立按键电路

独立按键电路如图 3-3-4 所示，主要由微动开关和电阻组成。独立按键电路的主要功能是切换模式。元件 B1 的引脚 1 和引脚 2 共同通过网络标号"Key1"与 Arduino NANO 元件的 PB1 引脚相连；元件 B2 的引脚 1 和引脚 2 共同通过网络标号"Key2"与 Arduino NANO 元件的 PB2 引脚相连。

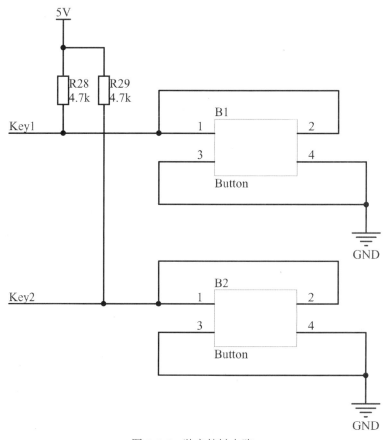

图 3-3-4　独立按键电路

3.3.4 PWM 电路

PWM 电路如图 3-3-5 所示，主要由 PCA9685、LED、电容和电阻组成。PWM 电路的主要功能是输出 6 路 PWM 信号。元件 U1 的引脚 27 通过网络标号"SDA"与 Arduino NANO 元件的 PC4 引脚相连；元件 U1 的引脚 26 通过网络标号"SCL"与 Arduino NANO 元件的 PC5 引脚相连。

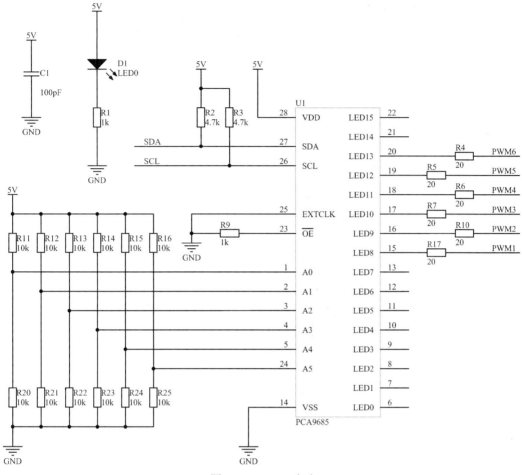

图 3-3-5 PWM 电路

3.3.5 舵机电路

舵机电路共包括 3 部分，即每部分控制 2 个舵机。舵机电路第 1 部分如图 3-3-6 所示，主要由 LM7805、电容、电阻、LED 和排针组成。元件 P2 的引脚 1 通过网络标号"PWM1"与元件 U1（PCA9685）的引脚 15 相连；元件 P3 的引脚 1 通过网络标号"PWM2"与元件 U1（PCA9685）的引脚 16 相连。其他部分电路与舵机电路第 1 部分相似，只是连接的引脚不同。

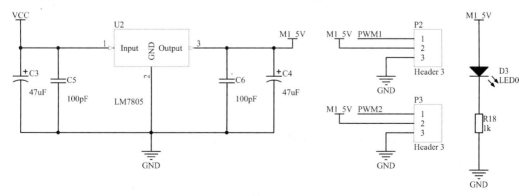

图 3-3-6 舵机电路第 1 部分

舵机电路第 2 部分如图 3-3-7 所示，元件 P4 的引脚 1 通过网络标号"PWM3"与元件 U1（PCA9685）的引脚 17 相连；元件 P5 的引脚 1 通过网络标号"PWM4"与元件 U1（PCA9685）的引脚 18 相连。

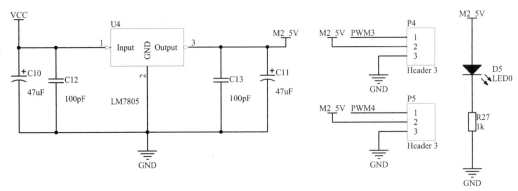

图 3-3-7　舵机电路第 2 部分

舵机电路第 3 部分如图 3-3-8 所示，元件 P6 的引脚 1 通过网络标号"PWM5"与元件 U1（PCA9685）的引脚 19 相连；元件 P9 的引脚 1 通过网络标号"PWM6"与元件 U1（PCA9685）的引脚 20 相连。

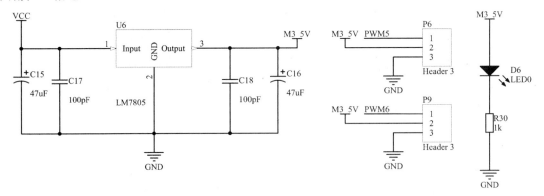

图 3-3-8　舵机电路第 3 部分

执行"工程"→"Compile Document TwoFoot.SchDoc"命令，弹出"Messages"对话框，如图 3-3-9 所示，基本可以忽略"Messages"对话框中出现的 Warning。

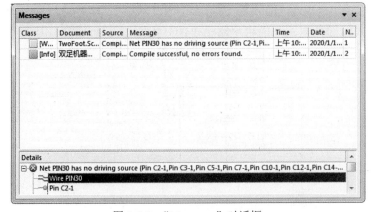

图 3-3-9　"Messages"对话框

3.4 PCB 绘制

3.4.1 布局

执行"文件"→"新建"→"PCB"命令，将新创建的 PCB 保存并命名为"TwoFoot.PcbDoc"。

执行"设计"→"Import Changes From 双足机器人.PrjPcb"命令，弹出"工程更改顺序"对话框。单击"生效更改"按钮，全部完成检测。单击"执行更改"按钮，即可完成更改。单击"关闭"按钮，可将元件封装导入 PCB。

将单片机最小系统电路（见图 3-4-1）放置在 PCB 的中央，元件 P7 和元件 P8 分别居于元件 U5 两侧。

将电源电路（见图 3-4-2）放置在单片机最小系统电路的左侧，开关元件 SW1 和接线端子 P1 放置在 PCB 的边缘，方便操作。

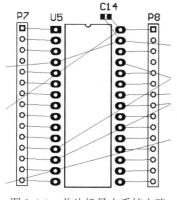

图 3-4-1 单片机最小系统电路

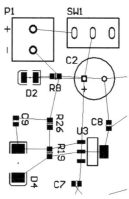

图 3-4-2 电源电路

将独立按键电路和 PWM 电路（见图 3-4-3）放置在单片机最小系统电路的右侧，独立按键 B1 和独立按键 B2 放置在 PCB 的边缘，方便操作。

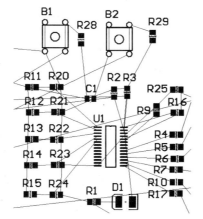

图 3-4-3 独立按键电路和 PWM 电路

将舵机电路分为两部分，舵机电路第 1 部分（见图 3-4-4）放置在单片机最小系统电路的下侧；舵机电路第 2 部分（见图 3-4-5）放置在 PWM 电路的右侧。

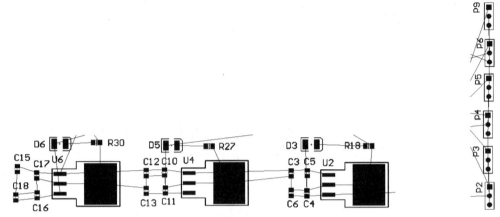

图 3-4-4　舵机电路第 1 部分　　　　　　　图 3-4-5　舵机电路第 2 部分

各部分电路均放置在 PCB 上，初步布局如图 3-4-6 所示。对整体布局再进行微调，适当调节元件间距，使元件可以沿某方向对齐，整体布局如图 3-4-7 所示。

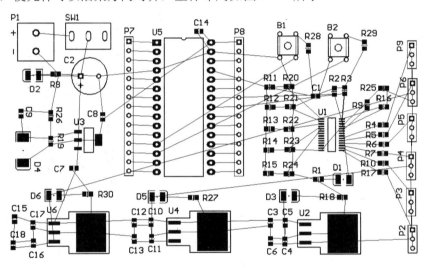

图 3-4-6　初步布局

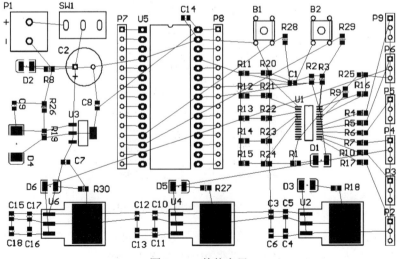

图 3-4-7　整体布局

适当规划版型并放置 4 个过孔，方便安装。对过孔的大小和位置并无特殊要求，合理即可。过孔放置完毕后，元件布局如图 3-4-8 所示，三维视图如图 3-4-9 所示。

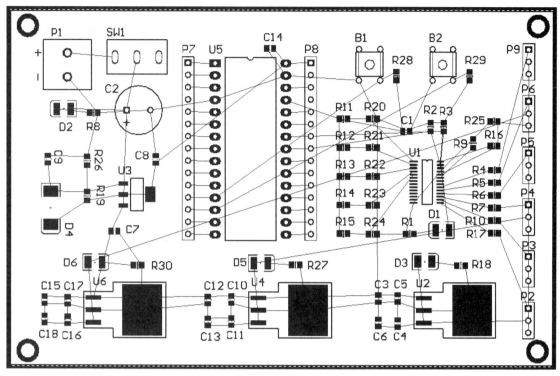

图 3-4-8　元件布局

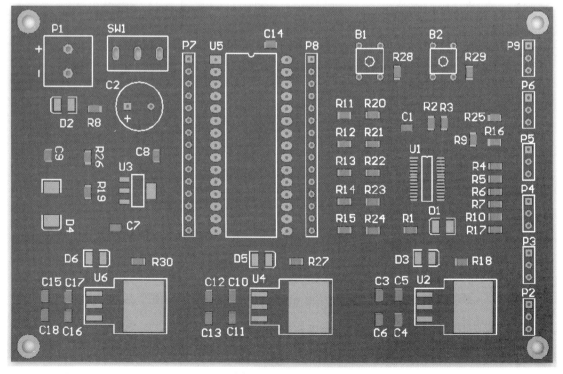

图 3-4-9　三维视图

3.4.2 布线

执行"设计"→"规则"命令,弹出"PCB 规则及约束编辑器"对话框,对布线规则进行设置,设置方法参考 2.4.2 节。本章将信号线线宽设置为"10mil",电源线线宽设置为"20mil"。

完成布线规则设置后,执行"自动布线"→"全部"命令,弹出"Situs 布线策略"对话框。单击"Route All"按钮,等待一段时间后,自动布线会自动停止。顶层布线如图 3-4-10 所示;底层布线如图 3-4-11 所示。

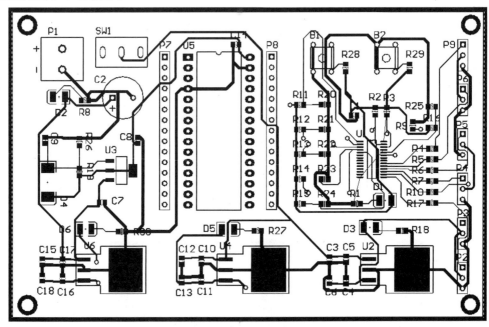

图 2-4-10　顶层布线

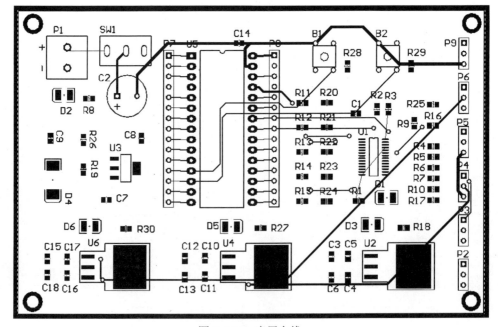

图 3-4-11　底层布线

第 3 章 双足机器人 PCB 设计实例

📎 小提示
◎ 扫描右侧二维码可观看双足机器人自动布线视频。
◎ 因元件布局不同,自动布线的结果也不同。

执行"报告"→"板子信息"命令,弹出"PCB 信息"对话框。单击"报告"按钮,弹出"板报告"对话框,勾选"Routing Information"复选框。单击"报告"按钮,弹出如图 3-4-12 所示的布线信息,可见有 3 条飞线布线失败。布线失败的飞线如图 3-4-13 所示。

Routing	
Routing Information	
Routing completion	98.24%
Connections	170
Connections routed	167
Connections remaining	3

图 3-4-12 布线信息

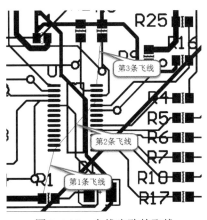

图 3-4-13 布线失败的飞线

可以通过手动布线的方式将布线失败的飞线进行连线,本章不再赘述。本章实例将采用手动布线的方式进行布线,只需要连接信号线和电源线,地线在敷铜时统一连接。

执行"工具"→"取消布线"→"全部"命令,取消并删除 PCB 中的所有布线。执行"放置"→"交互式布线"命令,为电源电路手动布线,电源电路底层布线如图 3-4-14 所示,电源电路顶层布线如图 3-4-15 所示。

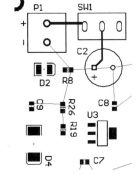

图 3-4-14 电源电路底层布线

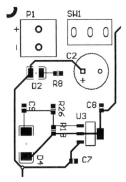

图 3-4-15 电源电路顶层布线

执行"放置"→"交互式布线"命令,为单片机最小系统电路手动布线,单片机最小系统电路底层布线如图3-4-16所示,单片机最小系统电路顶层布线如图3-4-17所示。

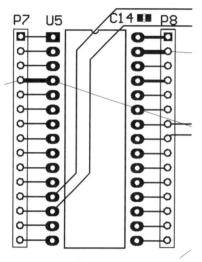
图 3-4-16 单片机最小系统电路底层布线

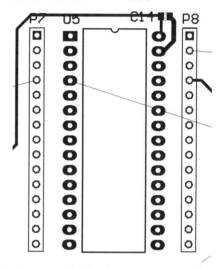
图 3-4-17 单片机最小系统电路顶层布线

执行"放置"→"交互式布线"命令,为独立按键电路和 PWM 电路手动布线,独立按键电路和 PWM 电路底层布线如图 3-4-18 所示,独立按键电路和 PWM 电路顶层布线如图 3-4-19 所示。

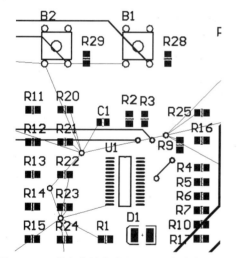
图 3-4-18 独立按键电路和 PWM 电路底层布线

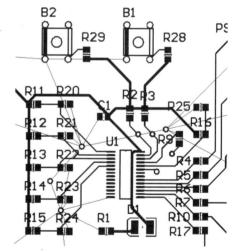
图 3-4-19 独立按键电路和 PWM 电路顶层布线

执行"放置"→"交互式布线"命令,为舵机电路第 1 部分手动布线。舵机电路第 1 部分底层布线如图 3-4-20 所示,舵机电路第 1 部分顶层布线如图 3-4-21 所示。

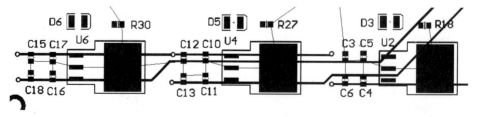
图 3-4-20 舵机电路第 1 部分底层布线

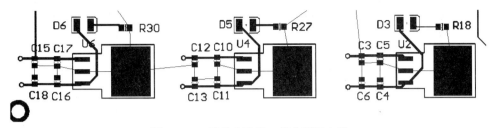

图 3-4-21 舵机电路第 1 部分顶层布线

执行"放置"→"交互式布线"命令,为舵机电路第 2 部分手动布线,舵机电路第 2 部分底层布线如图 3-4-22 所示,舵机电路第 2 部分顶层布线如图 3-4-23 所示。

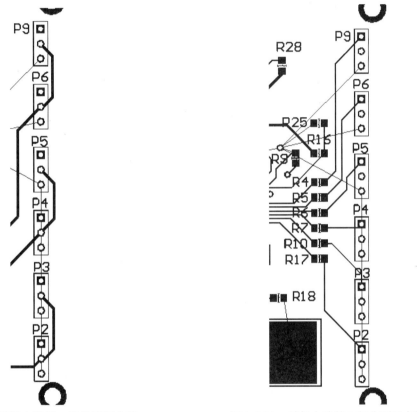

图 3-4-22 舵机电路第 2 部分底层布线　　图 3-4-23 舵机电路第 2 部分顶层布线

至此,整体布线完毕。为了方便布线,可以适当调节布线,也可以适当调整元件的位置和方向。手动布线完毕后,切换至"Top Layer"层,顶层布线如图 3-4-24 所示;切换至"Bottom Layer"层,底层布线如图 3-4-25 所示。

执行"工具"→"设计规则检查"命令,弹出"设计规则检测"对话框。单击"运行 DRC"按钮,弹出"Messages"对话框,如图 3-4-26 所示,PCA9685 引脚间距较小的警告信息可忽略,丝印与焊盘间距较小的警告信息可忽略,未连接的引脚均属于"GND"网络的警告信息可忽略。

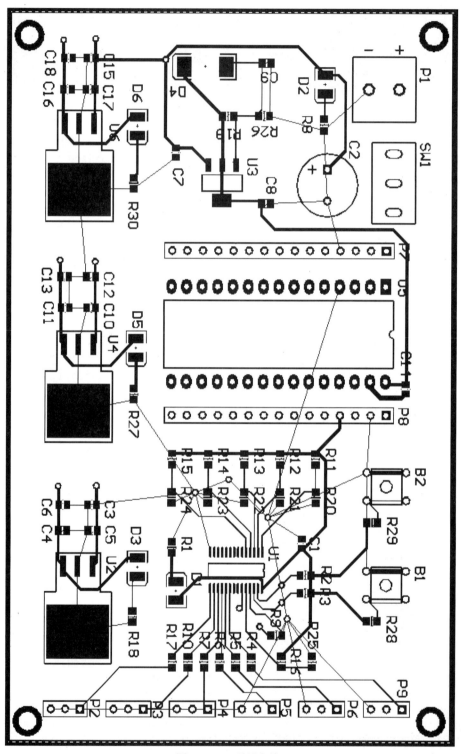

图 3-4-24 顶层布线

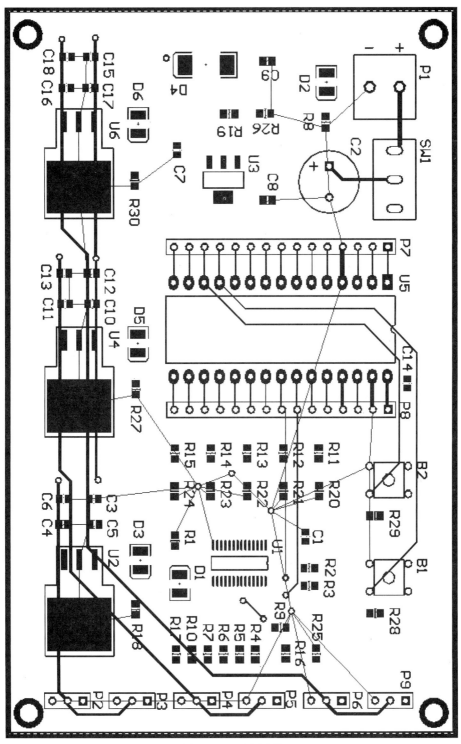

图 3-4-25 底层布线

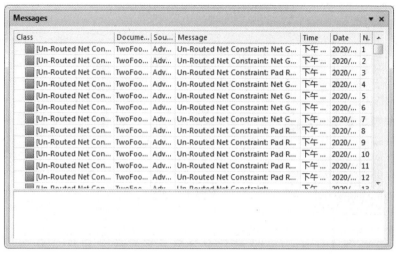

图 3-4-26 "Messages"对话框

3.4.3 敷铜

本节为"GND"网络敷铜。执行"放置"→"多边形敷铜"命令，弹出"多边形敷铜"对话框，"层"选择"Bottom Layer"，"链接到网络"选择"GND"，底层敷铜参数如图 3-4-27 所示。单击"确定"按钮，即可绘制铜皮形状，底层铜皮形状如图 3-4-28 所示。

图 3-4-27 底层敷铜参数

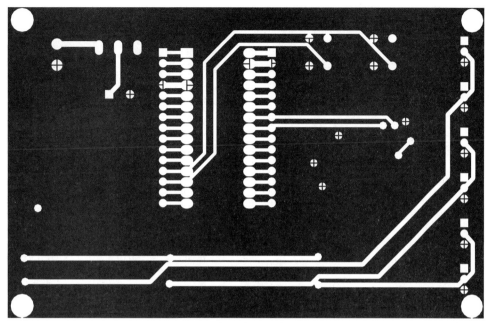

图 3-4-28　底层铜皮形状

执行"放置"→"多边形敷铜"命令,弹出"多边形敷铜"对话框,"层"选择"Top Layer", "链接到网络"选择"GND",顶层敷铜参数如图 3-4-29 所示。单击"确定"按钮,即可绘制铜皮形状,顶层铜皮形状如图 3-4-30 所示。

图 3-4-29　顶层敷铜参数

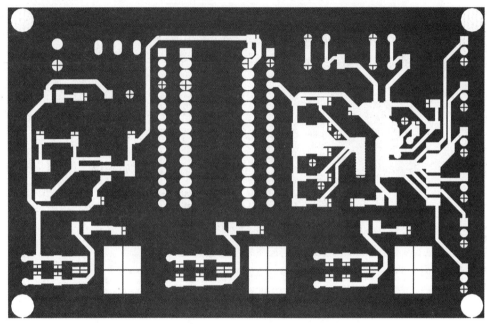

图 3-4-30 顶层铜皮形状

执行"报告"→"板子信息"命令,弹出"PCB 信息"对话框。单击"报告"按钮,弹出"板报告"对话框,勾选"Routing Information"复选框。单击"报告"按钮,弹出如图 3-4-31 所示的布线信息,可见所有飞线均布通。

Routing	
Routing Information	
Routing completion	100.00%
Connections	173
Connections routed	173
Connections remaining	0

图 3-4-31 布线信息

执行"放置"→"过孔"命令,在敷铜区域放置一定数量的过孔。过孔完毕后,双足机器人 PCB 敷铜完毕,双足机器人 PCB 顶层效果如图 3-4-32 所示,双足机器人 PCB 底层效果如图 3-4-33 所示,双足机器人 PCB 三维视图效果如图 3-4-34 所示。

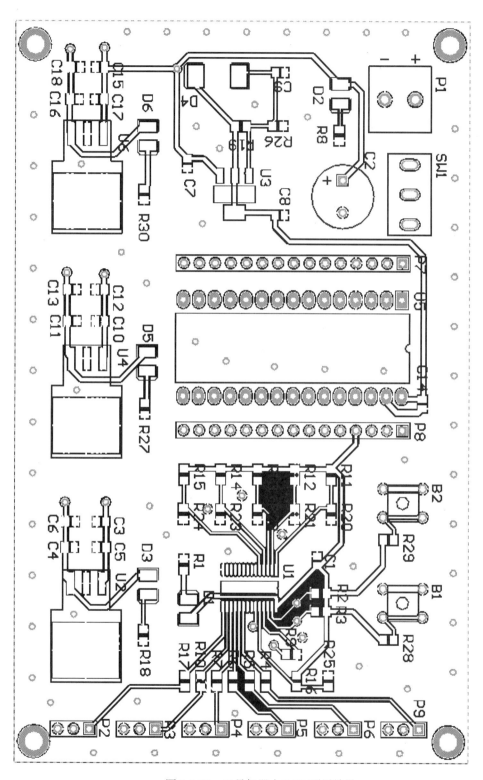

图 3-4-32 双足机器人 PCB 顶层效果

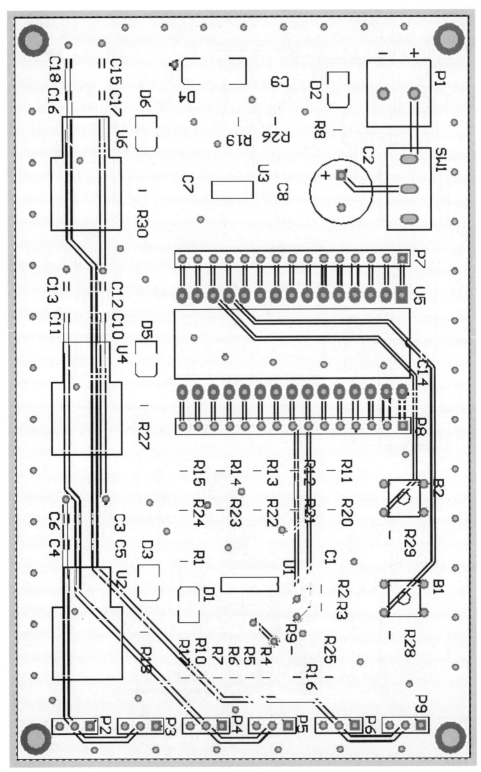

图 3-4-33 双足机器人 PCB 底层效果

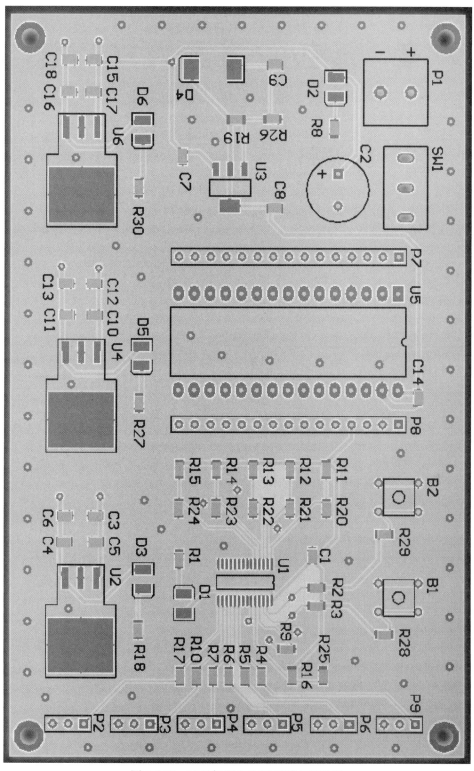

图 3-4-34 双足机器人 PCB 三维视图效果

第 4 章 遥控小车机器人 PCB 设计实例

4.1 整体设计思路

遥控小车机器人电路由两部分组成，分别是遥控小车机器人本体电路和遥控小车机器人遥控器电路。遥控小车机器人本体电路包括单片机最小系统电路、电源电路、电动机驱动电路、信号接收电路和指示灯电路。遥控小车机器人遥控器电路包括单片机最小系统电路、电源电路、独立按键电路和信号发射电路。遥控小车机器人硬件系统框图如图 4-1-1 所示。

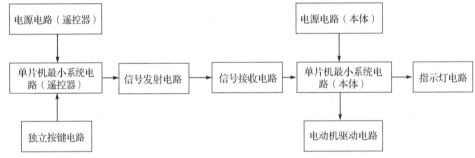

图 4-1-1　遥控小车机器人硬件系统框图

单片机最小系统电路可以选择 51 系列单片机。51 系列单片机是对所有兼容 Intel 8031 指令系统的单片机的统称，其代表型号是 ATMEL 公司的 AT89 系列，它已广泛应用于工业测控系统。

电源电路需要提供 5V 电源网络和 3.3V 电源网络，主要元件可以选用 LM7805 和 LM1117。

独立按键电路主要由独立按键组成，用于输入指令。

信号发射电路和信号接收电路主要由无线模块组成，可实现指令的发射和接收。

指示灯电路主要由 LED 和电阻组成，LED 用于指示各部分电路的状态。

电动机驱动电路主要由 L298N 组成，可以控制 2 个直流电动机，并且可以根据 PWM 信号对直流电动机进行调速。

本实例中涉及的元件尽量选择直插式封装，Altium Designer 中的元件库没有包括本实例要使用的所有元件，因此需要自行绘制所需元件的原理图库和 PCB 元件库。

新建遥控小车机器人 PCB 设计工程项目。执行"开始"→"所有程序"→"Altium"命令，启动 Altium Designer。由于操作系统不同，所以快捷方式的位置可能会略有变化。

执行"文件"→"New"→"Project"命令，弹出"New Project"对话框，在"Project Types"列表框中选择"PCB Project"选项，在"Project Templates"列表框中选择"<Default>"选项，在"Name"文本框中输入"遥控小车机器人本体"，将"Location"设置为"E:\机器人\机器人 PCB\project\4"。单击"New Project"对话框中的"OK"按钮，完成新建工程项目，"Projects"窗格中出现"遥控小车机器人本体.PrjPcb"选项。采用同样的方式新建命名为"遥控小车机器人遥控器"的工程项目，如图 4-1-2 所示。

第 4 章 遥控小车机器人 PCB 设计实例

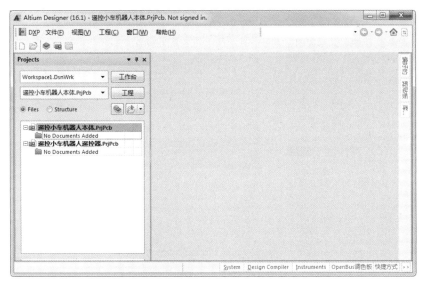

图 4-1-2 完成新建工程项目

小提示

◎ 本章实例由两块 PCB 组成，因此需要新建两个工程项目。

4.2 元件库绘制

4.2.1 AT89S51 单片机元件库

执行"文件"→"New"→"Library"→"原理图库"命令，将新创建的原理图库保存并命名为"AT89S51.SchLib"。在绘制 AT89C51 单片机原理图库时，需要根据 AT89S51 单片机的各引脚进行编辑。AT89S51 单片机引脚示意图如图 4-2-1 所示。

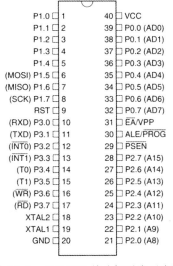

图 4-2-1 AT89S51 单片机引脚示意图

执行"放置"→"矩形"命令,并按下 Tab 键,弹出"长方形"对话框,其参数设置如图 4-2-2 所示,单击"确定"按钮,即可将矩形放置在图纸上。

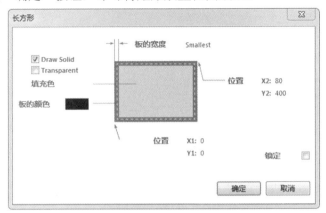

图 4-2-2 "长方形"对话框的参数设置

执行"放置"→"引脚"命令,在矩形左侧放置 20 个引脚。由上向下依次将引脚标识修改为"1"、"2"、"3"、"4"、"5"、"6"、"7"、"8"、"9"、"10"、"11"、"12"、"13"、"14"、"15"、"16"、"17"、"18"、"19"和"20"。由上向下依次将引脚名称修改为"P1.0"、"P1.1"、"P1.2"、"P1.3"、"P1.4"、"P1.5"、"P1.6"、"P1.7"、"RST"、"P3.0"、"P3.1"、"P3.2"、"P3.3"、"P3.4"、"P3.5"、"P3.6"、"P3.7"、"XTAL2"、"XTAL1"和"GND"。

执行"放置"→"引脚"命令,在矩形右侧放置 20 个引脚。由下向上依次将引脚标识修改为"21"、"22"、"23"、"24"、"25"、"26"、"27"、"28"、"29"、"30"、"31"、"32"、"33"、"34"、"35"、"36"、"37"、"38"、"39"和"40"。由下向上依次将引脚名称修改为"P2.0"、"P2.1"、"P2.2"、"P2.3"、"P2.4"、"P2.5"、"P2.6"、"P2.7"、"P\S\E\N\"、"ALE"、"E\A\"、"P0.7"、"P0.6"、"P0.5"、"P0.4"、"P0.3"、"P0.2"、"P0.1"、"P0.0"和"VCC"。引脚放置完毕如图 4-2-3 所示。

执行"工具"→"重新命名器件"命令,弹出"Rename Component"对话框,将新创建的原理图库命名为"AT89S51",单击"确定"按钮,即可完成重命名。

单击"SCH Library"窗格中器件栏的"编辑"按钮,弹出"Library Component Properties"对话框,将"Default Designator"设置为"U?","Default Comment"设置为"AT89S51",单击"OK"按钮,即可完成 AT89S51 原理图库的设置。

至此,AT89S51 原理图库绘制完毕,如图 4-2-4 所示。

小提示

◎ 将 AT89S51 原理图库放置在原理图图纸上才会出现"U?"和"AT89S51"。

执行"文件"→"New"→"Library"→"PCB 元件库"命令,将新创建的 PCB 元件库保存并命名为"AT89S51.PcbLib"。在绘制 AT89S51 单片机 PCB 元件库时,需要根据 AT89S51 单片机封装尺寸进行绘制。AT89S51 单片机封装尺寸图如图 4-2-5 所示。

执行"工具"→"元器件向导"命令,弹出"Component Wizard"对话框,表示 PCB 器件向导已经启动。单击"Component Wizard"对话框中的"一步"按钮,弹出"器件图案"界面,选择"Dual In-line Packages(DIP)",单位设置为"mil",如图 4-2-6 所示。

单击"Component Wizard"对话框中的"一步"按钮,弹出"Define the pads dimensions"(定义焊盘尺寸)界面,将焊盘形状设置为椭圆形,长轴设置为"70mil",短轴设置为"70mil",孔径设置为"40mil",如图 4-2-7 所示。

第 4 章 遥控小车机器人 PCB 设计实例

```
 1 ─ P1.0    VCC  ─ 40
 2 ─ P1.1    P0.0 ─ 39
 3 ─ P1.2    P0.1 ─ 38
 4 ─ P1.3    P0.2 ─ 37
 5 ─ P1.4    P0.3 ─ 36
 6 ─ P1.5    P0.4 ─ 35
 7 ─ P1.6    P0.5 ─ 34
 8 ─ P1.7    P0.6 ─ 33
 9 ─ RST     P0.7 ─ 32
10 ─ P3.0    EA   ─ 31
11 ─ P3.1    ALE  ─ 30
12 ─ P3.2    PSEN ─ 29
13 ─ P3.3    P2.7 ─ 28
14 ─ P3.4    P2.6 ─ 27
15 ─ P3.5    P2.5 ─ 26
16 ─ P3.6    P2.4 ─ 25
17 ─ P3.7    P2.3 ─ 24
18 ─ XTAL2   P2.2 ─ 23
19 ─ XTAL1   P2.1 ─ 22
20 ─ GND     P2.0 ─ 21
```

图 4-2-3 引脚放置完毕

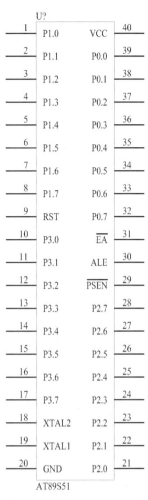

图 4-2-4 AT89S51 原理图库

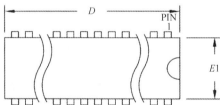

单位：mm

	min	nom	max	note
A	—	—	4.826	
$A1$	0.381			
D	52.070	—	52.578	note 2
E	15.240	—	15.875	
$E1$	13.462	—	13.970	note 2
B	0.356	—	0.559	
$B1$	1.041	—	1.651	
L	3.048	—	3.556	
C	0.203	—	0.381	
eB	15.494	—	17.526	
e	2.540（常用值）			

图 4-2-5 AT89S51 单片机封装尺寸图

图 4-2-6 "器件图案"界面

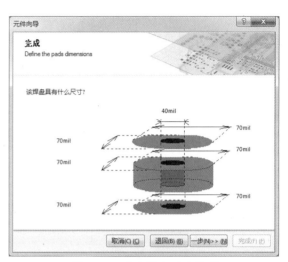
图 4-2-7 定义焊盘尺寸界面

单击"元件向导"对话框中的"一步"按钮,弹出"Define the pads layout"(定义焊盘间距)界面,将相邻焊盘的横向间距设置为"600mil",纵向间距设置为"100mil",如图 4-2-8 所示。

单击"元件向导"对话框中的"一步"按钮,弹出"Define the outline width"(定义外框宽度)界面,将外框宽度设置为"10mil",如图 4-2-9 所示。

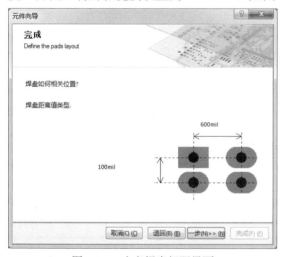
图 4-2-8 定义焊盘间距界面

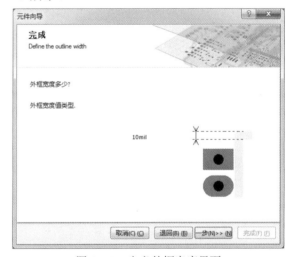
图 4-2-9 定义外框宽度界面

单击"元件向导"对话框中的"一步"按钮,弹出"设置焊盘数目"界面,将焊盘总数设置为"40",如图 4-2-10 所示。

单击"元件向导"对话框中的"一步"按钮,弹出"Set the component name"(元件命名)界面,将元件命名为"DIP40",如图 4-2-11 所示。

单击"元件向导"对话框中的"一步"按钮,弹出完成任务界面。单击"元件向导"对话框中的"完成"按钮,即可将绘制出的 AT89S51 单片机 PCB 元件库放置在图纸上,AT89S51 单片机 PCB 元件库如图 4-2-12 所示。

需要将 AT89S51 单片机 PCB 元件库中的 DIP40 封装加载到 AT89S51 单片机原理图库中,可参考 2.2.1 节所述方法。当"SCH Library"窗格如图 4-2-13 所示时,证明封装已经加载完毕。

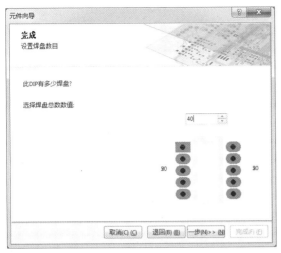
图 4-2-10 "设置焊盘数目"界面

图 4-2-11 元件命名界面

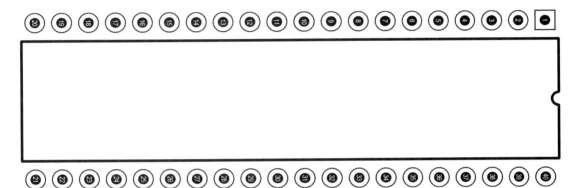
图 4-2-12 AT89S51 单片机 PCB 元件库

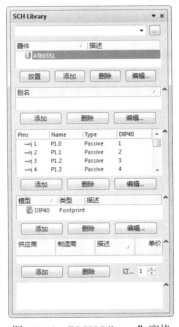
图 4-2-13 "SCH Library"窗格

至此，AT89S51 单片机 PCB 元件库绘制完毕。

4.2.2　L298N 元件库

执行"文件"→"New"→"Library"→"原理图库"命令,将新创建的原理图库保存并命名为"L298N.SchLib"。在绘制 L298N 原理图库时,需要查看 L298N 数据手册。L298N 引脚示意图如图 4-2-14 所示。

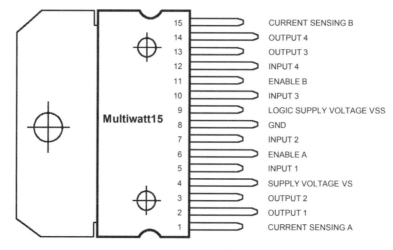

图 4-2-14　L298N 引脚示意图

执行"放置"→"矩形"命令,并按下 Tab 键,弹出"长方形"对话框,其参数设置如图 4-2-15 所示,单击"确定"按钮,即可将矩形放置在图纸上。

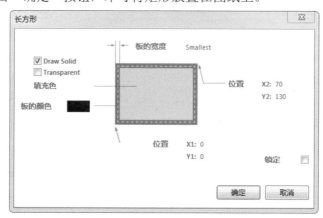

图 4-2-15　"长方形"对话框的参数设置

执行"放置"→"引脚"命令,在矩形左侧放置 8 个引脚。由上向下依次将引脚标识修改为"9"、"5"、"7"、"10"、"12"、"6"、"11"和"8"。由上向下依次将引脚名称修改为"VSS"、"IN1"、"IN2"、"IN3"、"IN4"、"ENA"、"ENB"和"GND"。

执行"放置"→"引脚"命令,在矩形右侧放置 7 个引脚。由上向下依次将引脚标识修改为"4"、"2"、"3"、"13"、"14"、"1"和"15"。由上向下依次将引脚名称修改为"VS"、"OUT1"、"OUT2"、"OUT3"、"OUT4"、"CURA"和"CURB"。15 个引脚放置完毕如图 4-2-16 所示。

执行"工具"→"重新命名器件"命令,弹出"Rename Component"对话框,将新创建的原理图库命名为"L298N",单击"确定"按钮,即可完成重命名。

单击"SCH Library"窗格中器件栏的"编辑"按钮,弹出"Library Component Properties"对话框,将"Default Designator"设置为"U?","Default Comment"设置为"L298N",单击"OK"按钮,即可完成L298N原理图库的设置。

至此,L298N原理图库绘制完毕,如图4-2-17所示。

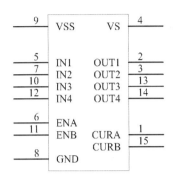

图4-2-16　15个引脚放置完毕

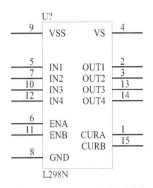

图4-2-17　L298N原理图库

📌 小提示

◎ 将L298N原理图库放置在原理图图纸上才会出现"U?"和"L298N"。

执行"文件"→"New"→"Library"→"PCB元件库"命令,将新创建的PCB元件库保存并命名为"L298N.PcbLib"。在绘制L298N PCB元件库时,需要根据L298N封装尺寸进行绘制。L298N封装尺寸图如图4-2-18所示。

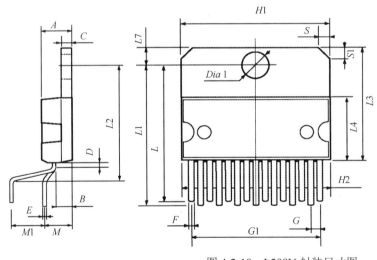

	mm			inch		
	min	常用值	max	min	常用值	max
A		5				0.197
B		2.65				0.104
C		1.6				0.063
D		1			0.039	
E	0.49		0.55	0.019		0.022
F	0.66		0.75	0.026		0.030
G	1.02	1.27	1.52	0.040	0.050	0.060
G1	17.53	17.78	18.03	0.690	0.700	0.710
H1	19.6			0.772		
H2			20.2			0.795
L	21.9	22.2	22.5	0.862	0.874	0.886
L1	21.7	22.1	22.5	0.854	0.870	0.886
L2	17.65		18.1	0.695		0.713
L3	17.25	17.5	17.75	0.679	0.689	0.699
L4	10.3	10.7	10.9	0.406	0.421	0.429
L7	2.65		2.9	0.104		0.114
M	4.25	4.55	4.85	0.167	0.179	0.191
M1	4.63	5.08	5.53	0.182	0.200	0.218
S	1.9		2.6	0.075		0.102
S1	1.9		2.6	0.075		0.102
Dia 1	3.65		3.85	0.144		0.152

图4-2-18　L298N封装尺寸图

执行"放置"→"焊盘"命令,并按下Tab键,弹出"焊盘"对话框。将"位置"选区中的"X"设置为"0mil","Y"设置为"0mil","旋转"设置为"90.000";将"孔洞信息"选区中的"通孔尺寸"设置为"35.433mil";将"属性"选区中的"标识"设置为"1";将"尺寸与外形"选区中的"X-Size"设置为"80mil","Y-Size"设置为"80mil","外形"设置为"Round",如图4-2-19所示。

执行"放置"→"焊盘"命令,在焊盘1正上方放置7个焊盘如图4-2-20所示,焊盘间距为"100mil",焊盘标识由下向上依次为"3"、"5"、"7"、"9"、"11"、"13"和"15"。

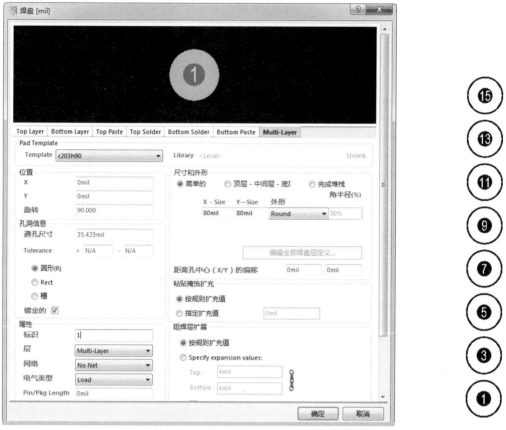

图 4-2-19 焊盘 1

图 4-2-20 在焊盘 1 正上方放置 7 个焊盘

执行"放置"→"焊盘"命令,并按下 Tab 键,弹出"焊盘"对话框。将"位置"选区中的"X"设置为"-200mil","Y"设置为"50mil","旋转"设置为"90.000";将"孔洞信息"选区中的"通孔尺寸"设置为"36mil";将"属性"选区中的"标识"设置为"2";将"尺寸和外形"选区中的"X-Size"设置为"80mil","Y-Size"设置为"80mil","外形"设置为"Round",如图 4-2-21 所示。

执行"放置"→"焊盘"命令,在焊盘 2 正上方放置 6 个焊盘如图 4-2-22 所示,焊盘间距为"100mil",焊盘标识由下向上依次为"4"、"6"、"8"、"10"、"12"和"14"。

切换至"Top Overlay"图层,执行"放置"→"走线"命令,为 L298N PCB 元件库绘制丝印标识,合理即可。

至此,L298N PCB 元件库绘制完毕,如图 4-2-23 所示。

单击"PCB Library"窗格中的"PCBCOMPONENT_1"选项,弹出"PCB 库元件"对话框,将"名称"设置为"DIP15",单击"确定"按钮,即可完成名称设置。

需要将 L298N PCB 元件库中的 DIP15 封装加载到 L298N 原理图库中,可参考 2.2.1 节所述方法。当"SCH Library"窗格如图 4-2-24 所示时,表示封装已经加载完毕。

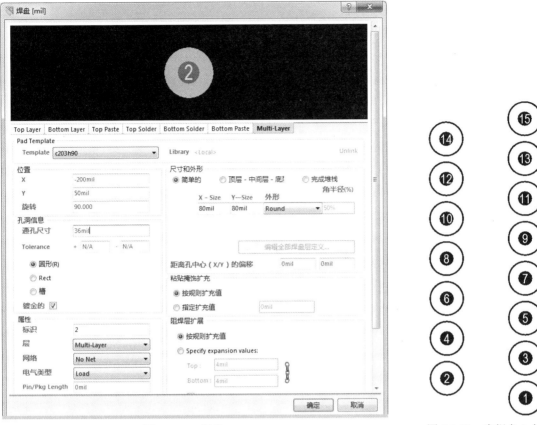

图 4-2-21 焊盘 2

图 4-2-22 在焊盘 2 上方放置 6 个焊盘

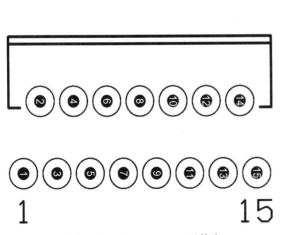

图 4-2-23 L298N PCB 元件库

图 4-2-24 "SCH Library" 窗格

4.2.3 晶振元件库

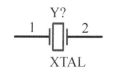

图 4-2-25 晶振原理图库

对于晶振元件库，用户可以选用 Altium Designer 中自带的晶振原理图库，如图 4-2-25 所示，不必自行绘制。

执行"文件"→"New"→"Library"→"PCB 元件库"命令，将新创建的 PCB 元件库保存并命名为"Terminal.PcbLib"。在绘制晶振 PCB 元件库时，需要根据晶振封装尺寸进行绘制。晶振封装尺寸图如图 4-2-26 所示。

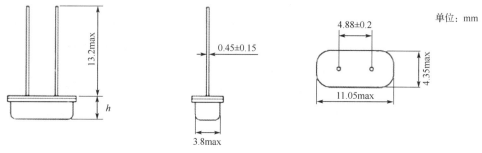

图 4-2-26 晶振封装尺寸图

执行"放置"→"焊盘"命令，并按下 Tab 键，弹出"焊盘"对话框。将"位置"选区中的"X"设置为"0mil"，"Y"设置为"0mil"，"旋转"设置为"0.000"；将"孔洞信息"选区中的"通孔尺寸"设置为"36mil"；将"属性"选区中的"标识"设置为"1"；将"尺寸和外形"选区中的"X-Size"设置为"70mil"，"Y-Size"设置为"70mil"，"外形"设置为"Round"，如图 4-2-27 所示。

图 4-2-27 焊盘 1

执行"放置"→"焊盘"命令,并按下 Tab 键,弹出"焊盘"对话框。将"位置"选区中的"X"设置为"192mil","Y"设置为"0mil","旋转"设置为"0.000";将"孔洞信息"选区中的"通孔尺寸"设置为"36mil";将"属性"选区中的"标识"设置为"2";将"尺寸和外形"选区中的"X-Size"设置为"70mil","Y-Size"设置为"70mil","外形"设置为"Round",如图 4-2-28 所示。

图 4-2-28 焊盘 2

切换至"Top Overlay"图层,执行"放置"→"走线"命令,放置 2 条横线。双击第 1 条横线,其参数设置如图 4-2-29 所示;双击第 2 条横线,其参数设置如图 4-2-30 所示。

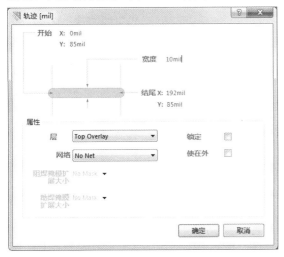 

图 4-2-29 第 1 条横线的参数设置　　　　图 4-2-30 第 2 条横线的参数设置

切换至"Top Overlay"图层,执行"放置"→"圆弧(边沿)"命令,放置2条圆弧。双击第1条圆弧,其参数设置如图4-2-31所示;双击第2条圆弧,其参数设置如图4-2-32所示。

图4-2-31　第1条圆弧的参数设置　　　　图4-2-32　第2条圆弧的参数设置

至此,晶振PCB元件库绘制完毕,如图4-2-33所示。

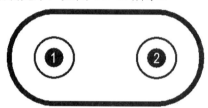

图4-2-33　晶振PCB元件库

单击"PCB Library"窗格中的"PCBCOMPONENT_1"选项,弹出"PCB库元件"对话框,将"名称"设置为"HC-49S",单击"确定"按钮,即可完成名称设置。

4.2.4　无线模块元件库

执行"文件"→"New"→"Library"→"原理图库"命令,将新创建的原理图库保存并命名为"无线模块.SchLib"。在绘制无线模块原理图库时,需要根据无线模块的各引脚进行编辑。无线模块引脚示意图如图4-2-34所示。

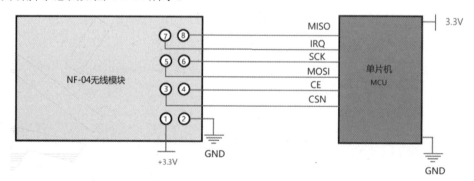

图4-2-34　无线模块引脚示意图

执行"放置"→"矩形"命令，并按下 Tab 键，弹出"长方形"对话框，其参数设置如图 4-2-35 所示，单击"确定"按钮，即可将矩形放置在图纸上。

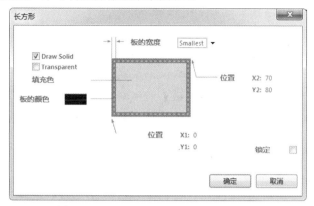

图 4-2-35 "长方形"对话框的参数设置

执行"放置"→"引脚"命令，在矩形左侧放置 4 个引脚。由上向下依次将引脚标识修改为"1"、"3"、"5"和"7"。由上向下依次将引脚名称修改为"VCC"、"CSN"、"MOSI"和"IRQ"。

执行"放置"→"引脚"命令，在矩形右侧放置 4 个引脚。由上向下依次将引脚标识修改为"2"、"4"、"6"和"8"。由上向下依次将引脚名称修改为"GND"、"CE"、"SCK"和"MISO"。引脚放置完毕如图 4-2-36 所示。

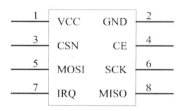

图 4-2-36 引脚放置完毕

执行"工具"→"重新命名器件"命令，弹出"Rename Component"对话框，将新创建的原理图库命名为"NF-04"，单击"确定"按钮，即可完成重命名。

单击"SCH Library"窗格中器件栏的"编辑"按钮，弹出"Library Component Properties"对话框，将"Default Designator"设置为"U?"，"Default Comment"设置为"NF-04"，单击"OK"按钮，即可完成无线模块原理图库的设置。

至此，无线模块原理图库绘制完毕，如图 4-2-37 所示。

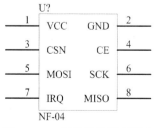

图 4-2-37 无线模块原理图库

小提示

◎ 将无线模块原理图库放置在原理图图纸上才会出现"U?"和"NF-04"。

执行"文件"→"New"→"Library"→"PCB 元件库"命令,将新创建的 PCB 元件库保存并命名为"无线模块.PcbLib"。在绘制无线模块 PCB 元件库时,需要根据无线模块封装尺寸进行绘制。无线模块封装尺寸图如图 4-2-38 所示。

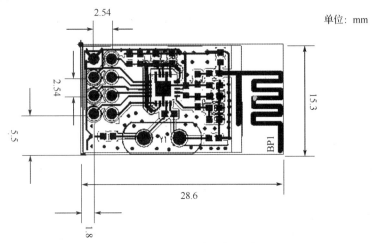

图 4-2-38　无线模块封装尺寸图

执行"放置"→"焊盘"命令,并按下 Tab 键,弹出"焊盘"对话框。将"位置"选区中的"X"设置为"0mil","Y"设置为"0mil","旋转"设置为"0.000";将"孔洞信息"选区中的"通孔尺寸"设置为"45mil";将"属性"选区中的"标识"设置为"1";将"尺寸和外形"选区中的"X-Size"设置为"70mil","Y-Size"设置为"70mil","外形"设置为"Round",如图 4-2-39 所示。

执行"放置"→"焊盘"命令,在焊盘 1 右侧放置 3 个焊盘如图 4-2-40 所示,通孔尺寸均为"36mil",焊盘间距为"100mil",焊盘标识由左向右依次为"3"、"5"和"7"。

图 4-2-39　焊盘 1　　　　　　　　　　　图 4-2-40　在焊盘 1 右侧放置 3 个焊盘

执行"放置"→"焊盘"命令，并按下 Tab 键，弹出"焊盘"对话框。将"位置"选区中的"X"设置为"0mil"，"Y"设置为"-100mil"，"旋转"设置为"0.000"；将"孔洞信息"选区中的"通孔尺寸"设置为"36mil"；将"属性"选区中的"标识"设置为"2"；将"尺寸和外形"选区中的"X-Size"设置为"70mil"，"Y-Size"设置为"70mil"，"外形"设置为"Round"，如图 4-2-41 所示。

执行"放置"→"焊盘"命令，在焊盘 2 右侧放置 3 个焊盘如图 4-2-42 所示，焊盘间距为"100mil"，焊盘标识由左向右依次为"4"、"6"和"8"。

图 4-2-41　焊盘 2　　　　　　　　　　　图 4-2-42　在焊盘 2 右侧放置 3 个焊盘

切换至"Top Overlay"图层，执行"放置"→"走线"命令，在焊盘周围绘制出矩形。焊盘周围矩形第 1 条横线的参数设置如图 4-2-43 所示；焊盘周围矩形第 2 条横线的参数设置如图 4-2-44 所示；焊盘周围矩形第 1 条竖线的参数设置如图 4-2-45 所示；焊盘周围矩形第 2 条竖线的参数设置如图 4-2-46 所示。

图 4-2-43　焊盘周围矩形第 1 条横线的参数设置　　　图 4-2-44　焊盘周围矩形第 2 条横线的参数设置

图 4-2-45　焊盘周围矩形第 1 条竖线的参数设置

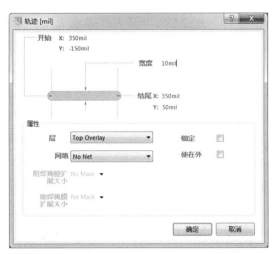
图 4-2-46　焊盘周围矩形第 2 条竖线的参数设置

执行"放置"→"走线"命令,沿无线模块外形绘制出矩形。第 1 条横线的参数设置如图 4-2-47 所示;第 2 条横线的参数设置如图 4-2-48 所示;第 1 条竖线的参数设置如图 4-2-49 所示;第 2 条竖线的参数设置如图 4-2-50 所示。

图 4-2-47　第 1 条横线的参数设置

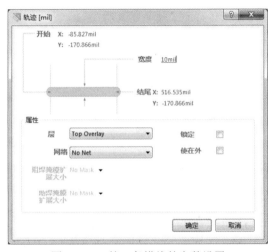
图 4-2-48　第 2 条横线的参数设置

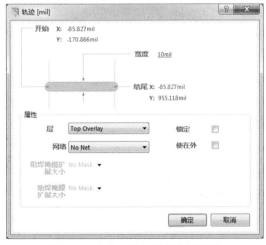
图 4-2-49　第 1 条竖线的参数设置

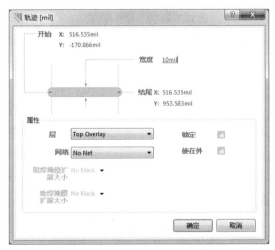
图 4-2-50　第 2 条竖线的参数设置

执行"放置"→"走线"命令，在矩形上部绘制出无线模块的天线形状，合理即可，并没有较为明确的参数要求。至此，无线模块 PCB 元件库绘制完毕，如图 4-2-51 所示。

单击"PCB Library"窗格中的"PCBCOMPONENT_1"选项，弹出"PCB 库元件"对话框，将"名称"设置为"DIP8"，单击"确定"按钮，即可完成名称设置。

需要将无线模块 PCB 元件库中的 DIP8 封装加载到无线模块原理图库中，可参考 2.2.1 节所述方法。当"SCH Library"窗格如图 4-2-52 所示时，表示封装已经加载完毕。

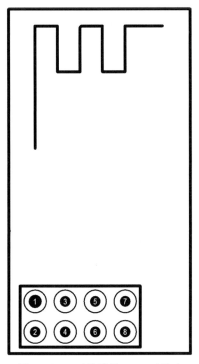

图 4-2-51　无线模块 PCB 元件库

图 4-2-52　"SCH Library"窗格

4.2.5　LM1117-3.3 元件库

执行"文件"→"New"→"Library"→"原理图库"命令，将新创建的原理图库保存并命名为"LM1117-3.3.SchLib"。在绘制 LM1117-3.3 原理图库时，需要查看 LM1117-3.3 数据手册。LM1117-3.3 引脚示意图如图 4-2-53 所示。

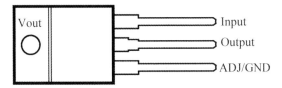

图 4-2-53　LM1117-3.3 引脚示意图

执行"放置"→"矩形"命令，并按下 Tab 键，弹出"长方形"对话框，其参数设置如图 4-2-54 所示，单击"确定"按钮，即可将矩形放置在图纸上。

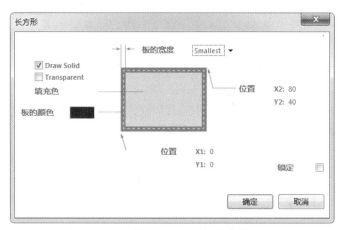

图 4-2-54 "长方形"对话框的参数设置

执行"放置"→"引脚"命令，并按下 Tab 键，弹出"管脚属性"对话框，将"显示名字"设置为"GND"，"标识"设置为"1"，如图 4-2-55 所示，单击"确定"按钮，即可完成引脚 1 的属性设置，并将其放置在矩形的下方。

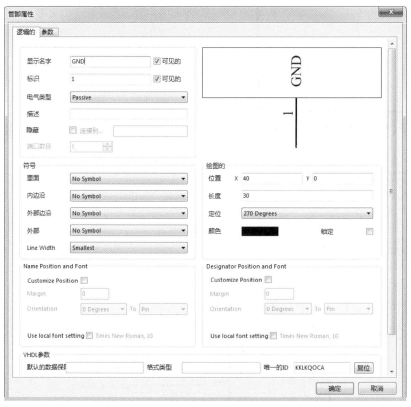

图 4-2-55 引脚 1 的"管脚属性"对话框

执行"放置"→"引脚"命令，并按下 Tab 键，弹出"管脚属性"对话框，将"显示名字"设置为"Output"，"标识"设置为"2"，"电气类型"设置为"Output"，如图 4-2-56 所示，单击"确定"按钮，即可完成引脚 2 的属性设置，并将其放置在矩形的右侧。

图 4-2-56　引脚 2 的"管脚属性"对话框

执行"放置"→"引脚"命令，并按下 Tab 键，弹出"管脚属性"对话框，将"显示名字"设置为"Input"，"标识"设置为"3"，"电气类型"设置为"Input"，如图 4-2-57 所示，单击"确定"按钮，即可完成引脚 3 的属性设置，并将其放置在矩形的左侧。引脚放置完毕如图 4-2-58 所示。

执行"工具"→"重新命名器件"命令，弹出"Rename Component"对话框，将新创建的原理图库命名为"LM1117-3.3"，单击"确定"按钮，即可完成重命名。

单击"SCH Library"窗格中器件栏的"编辑"按钮，弹出"Library Component Properties"对话框，将"Default Designator"设置为"U?"，"Default Comment"设置为"LM1117-3.3"，单击"OK"按钮，即可完成 LM1117-3.3 原理图库的设置。

至此，LM1117-3.3 原理图库绘制完毕，如图 4-2-59 所示。

🗒️ 小提示

◎ 将 LM1117-3.3 原理图库放置在原理图图纸上才会出现"U?"和"LM1117-3.3"。

执行"文件"→"New"→"Library"→"PCB 元件库"命令，将新创建的 PCB 元件库保存并命名为"LM1117-3.3.PcbLib"。在绘制 LM1117-3.3 PCB 元件库时，可以直接将 LM7805 PCB 元件库复制到 LM1117-3.3 PCB 元件库的绘制环境中，如图 4-2-60 所示。

单击"PCB Library"窗格中的"PCBCOMPONENT_1"选项，弹出"PCB 库元件"对话框，将"名称"设置为"TO-220"，单击"确定"按钮，即可完成名称设置。

需要将 LM1117-3.3 PCB 元件库中的 TO-220 封装加载到 LM1117-3.3 原理图库中，可参考 2.2.1 节所述方法。当"SCH Library"窗格如图 4-2-61 所示时，表示封装已经加载完毕。

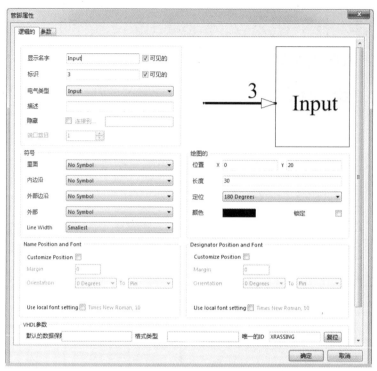

图 4-2-57 引脚 3 的"管脚属性"对话框

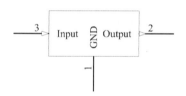

图 4-2-58 引脚放置完毕

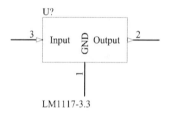

图 4-2-59 LM1117-3.3 原理图库

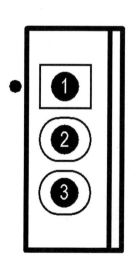

图 4-2-60 LM1117-3.3 PCB 元件库

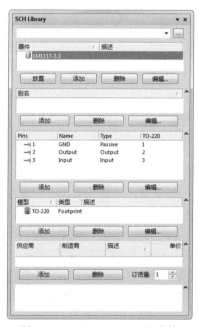

图 4-2-61 "SCH Library"窗格

4.3 遥控小车机器人本体原理图绘制

4.3.1 电源电路（本体）

执行"文件"→"新建"→"原理图"命令，将新创建的原理图保存并命名为"本体.SchDoc"。

电源电路（本体）由 3 部分组成，电源电路（本体）第 1 部分如图 4-3-1 所示，主要由接线端子、拨动开关、电解电容、LED 和电阻组成。电源电路的主要功能是控制接入电源的断开或闭合。C1 的封装选择"EC-200"；R3 的封装选择"AXIAL-0.4"；D2 的封装选择"LED-2"。

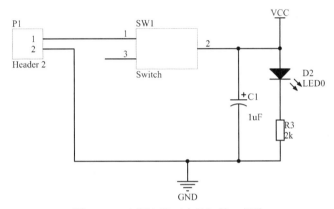

图 4-3-1 电源电路（本体）第 1 部分

电源电路（本体）第 2 部分如图 4-3-2 所示，主要由 LM7805 和电容组成。"VCC"电源网络一般由 3 块锂电池供电，共 11.1V。"5V"电源网络可以为单片机最小系统电路（本体）、电动机驱动电路、独立按键电路和指示灯电路供电。

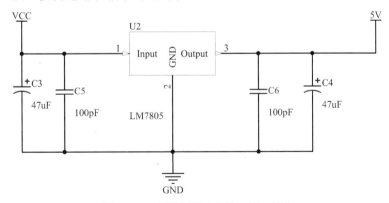

图 4-3-2 电源电路（本体）第 2 部分

电源电路（本体）第 3 部分如图 4-3-3 所示，主要由 LM1117-3.3、电阻、LED 和电容组成。"3V3"电源网络可以为无线模块电路供电。

小提示
- 本例中电容的封装类型均选择直插式封装。
- 本例中电阻的封装类型均选择"AXIAL-0.4"。
- 本例中 LED 的封装类型均选择"LED-2"。

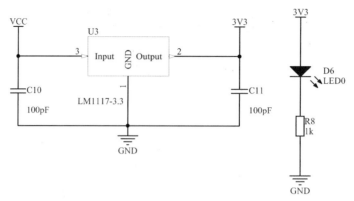

图 4-3-3 电源电路（本体）第 3 部分

4.3.2 单片机最小系统电路（本体）

单片机最小系统电路（本体）包括两部分，单片机最小系统电路（本体）第 1 部分如图 4-3-4 所示，主要由 AT89S51 单片机、电阻、独立按键、电容和晶振组成。独立按键 B1、电容 C2、电阻 R4 和电阻 R6 组成复位电路，复位电路的作用是防止单片机出现"死机"或"程序跑飞"等现象。

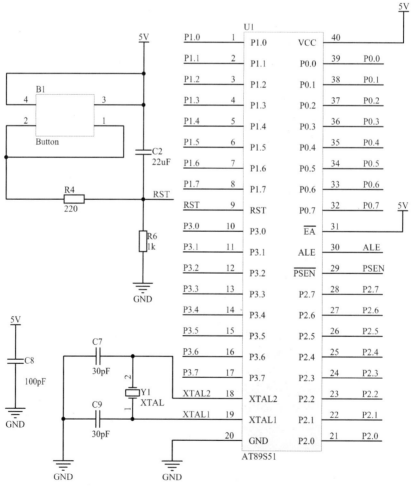

图 4-3-4 单片机最小系统电路（本体）第 1 部分

> 小提示
> ◎ 后续将介绍网络标号的连接情况。

单片机最小系统电路（本体）第 2 部分如图 4-3-5 所示，主要由电阻、LED 和排针组成。元件 P2 和元件 P3 的主要功能是引出 AT89S51 单片机的引脚，方便扩展使用。

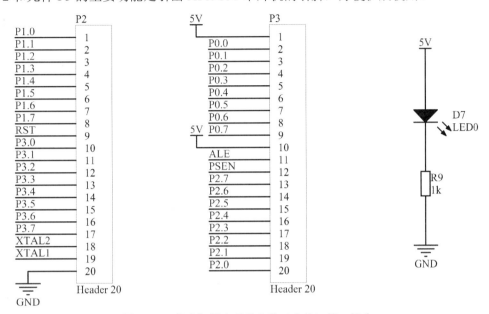

图 4-3-5　单片机最小系统电路（本体）第 2 部分

4.3.3　指示灯电路

指示灯电路如图 4-3-6 所示，主要由电阻和 LED 组成。指示灯电路的主要作用是指示遥控小车机器人本体的当前状态。电阻 R1 通过网络标号"P2.0"与 AT89S51 单片机的 P2.0 引脚相连；电阻 R2 通过网络标号"P2.1"与 AT89S51 单片机的 P2.1 引脚相连；电阻 R5 通过网络标号"P2.2"与 AT89S51 单片机的 P2.2 引脚相连；电阻 R7 通过网络标号"P2.3"与 AT89S51 单片机的 P2.3 引脚相连。

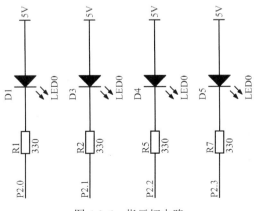

图 4-3-6　指示灯电路

4.3.4 无线模块电路

无线模块电路如图 4-3-7 所示，主要由无线模块组成。无线模块电路的主要作用是接收遥控器发出的指令。元件 U4 的 CSN 引脚通过网络标号"P1.4"与 AT89S51 单片机的 P1.4 引脚相连；CE 引脚通过网络标号"P1.2"与 AT89S51 单片机的 P1.2 引脚相连；MOSI 引脚通过网络标号"P1.5"与 AT89S51 单片机的 P1.5 引脚相连；SCK 引脚通过网络标号"P1.7"与 AT89S51 单片机的 P1.7 引脚相连；IRQ 引脚通过网络标号"P1.3"与 AT89S51 单片机的 P1.3 引脚相连；MISO 引脚通过网络标号"P1.6"与 AT89S51 单片机的 P1.6 引脚相连。

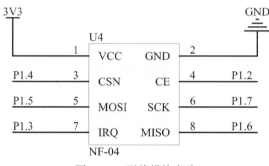

图 4-3-7　无线模块电路

4.3.5 电动机驱动电路

电动机驱动电路如图 4-3-8 所示，主要由 L298N、电容、二极管和接线端子组成。电动机驱动电路的主要作用是驱动电动机运动，如正转、反转、调速和停止等。元件 U5 的 IN1 引脚通过网络标号"P2.4"与 AT89S51 单片机的 P2.4 引脚相连；IN2 引脚通过网络标号"P2.5"与 AT89S51 单片机的 P2.5 引脚相连；IN3 引脚通过网络标号"P2.6"与 AT89S51 单片机的 P2.6 引脚相连；IN4 引脚通过网络标号"P2.7"与 AT89S51 单片机的 P2.7 引脚相连；ENA 引脚通过网络标号"P1.0"与 AT89S51 单片机的 P1.0 引脚相连；ENB 引脚通过网络标号"P1.1"与 AT89S51 单片机的 P1.1 引脚相连。接线端子 P4 和接线端子 P5 连接直流电动机。

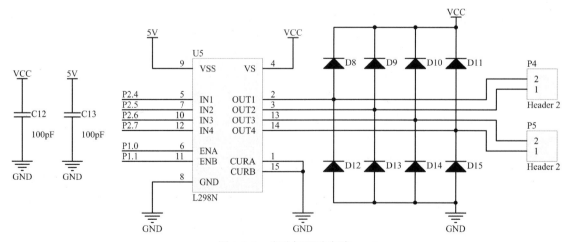

图 4-3-8　电动机驱动电路

执行"工程"→"Compile PCB Project 遥控小车机器人本体.PrjPcb"命令，弹出"Messages"对话框，如图 4-3-9 所示，基本可以忽略"Messages"对话框中出现的 Warning。

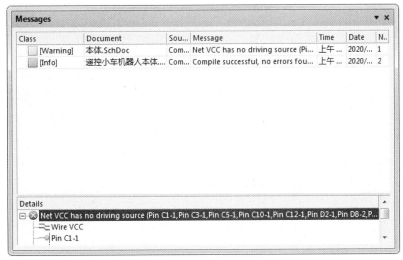

图 4-3-9 "Messages"对话框

4.4 遥控小车机器人本体 PCB 绘制

4.4.1 布局

执行"文件"→"新建"→"PCB"命令，将新创建的 PCB 保存并命名为"本体.PcbDoc"。

执行"设计"→"Import Changes From 遥控小车机器人本体.PrjPcb"命令，弹出"工程更改顺序"对话框。单击"生效更改"按钮，全部完成检测。单击"执行更改"按钮，即可完成更改。单击"关闭"按钮，即可将元件封装导入 PCB。

将单片机最小系统电路（本体）（见图 4-4-1）放置在 PCB 的中央，元件 P2 和元件 P3 分别居于元件 U1 两侧。晶振电路和复位电路放置在元件 U1 的左侧，并且距离不宜过远。

将电源电路和无线模块电路（见图 4-4-2）放置在单片机最小系统电路（本体）的左侧，无线模块 U4 放置在左上角，便于插拔，接线端子 P1 放置在下侧板边，便于接线。

将指示灯电路和电动机驱动电路放置在单片机最小系统电路（本体）的右侧，接线端子 P5 和接线端子 P4 放置在板边，方便与直流电动机相连。D1、D3、D4 和 D5 为菱形分布，如图 4-4-3 所示。

各部分电路均放置在 PCB 上，初步布局如图 4-4-4 所示。对整体布局再进行微调，适当调节元件间距，使元件可以沿某方向对齐，整体布局如图 4-4-5 所示。

适当规划版型并放置 4 个过孔，以方便安装。对过孔的大小和位置并无特殊要求，合理即可。过孔放置完毕后，元件布局如图 4-4-6 所示，三维视图如图 4-4-7 所示。

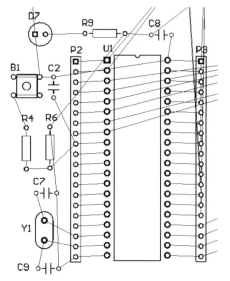

图 4-4-1 单片机最小系统电路（本体）

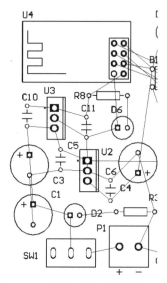

图 4-4-2 电源电路和无线模块电路

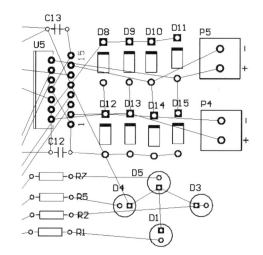

图 4-4-3 指示灯电路与电动机驱动电路

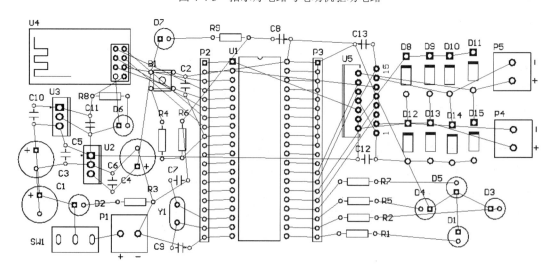

图 4-4-4 初步布局

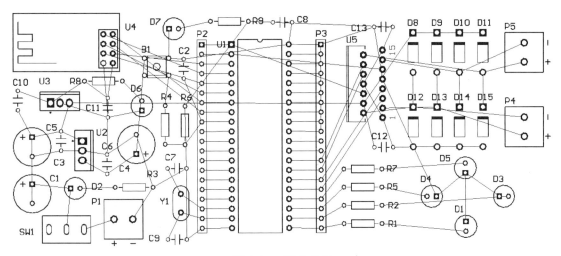

图 4-4-5 整体布局

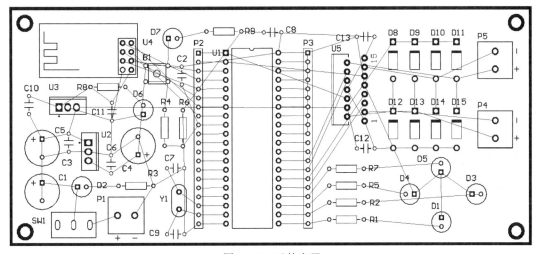

图 4-4-6 元件布局

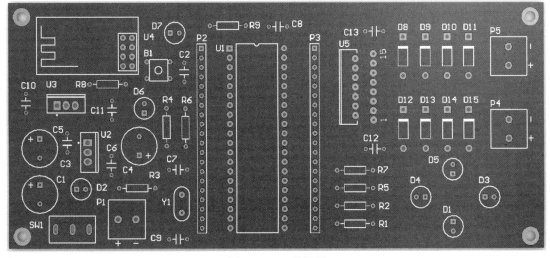

图 4-4-7 三维视图

4.4.2 布线

执行"设计"→"规则"命令,弹出"PCB 规则及约束编辑器"对话框,对布线规则进行设置,设置方法参考 2.4.2 节。本节将信号线线宽设置为"10mil",电源线线宽设置为"20mil"。

完成布线规则设置后,执行"自动布线"→"全部"命令,弹出"Situs 布线策略"对话框。单击"Route All"按钮,等待一段时间后,自动布线会自动停止。顶层布线如图 4-4-8 所示;底层布线如图 4-4-9 所示。

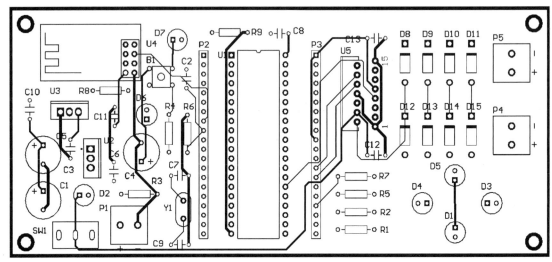

图 4-4-8 顶层布线

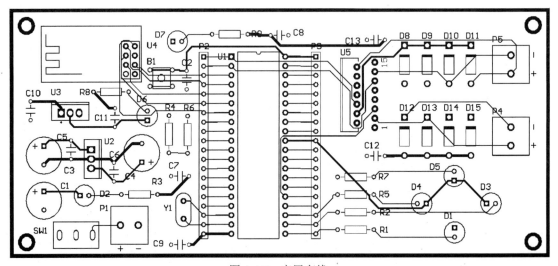

图 4-4-9 底层布线

小提示

◎ 扫描右侧二维码可观看遥控小车机器人本体自动布线视频。
◎ 因为元件布局不同,所以自动布线的结果也不同。

执行"报告"→"板子信息"命令,弹出"PCB 信息"对话框。单击"报告"按钮,弹出"板报告"对话框,勾选"Routing Information"复选框。单击"报告"按钮,弹出如图 4-4-10

所示的布线信息，所有飞线均布线成功。

```
Routing

Routing Information

Routing completion                                          100.00%
Connections                                                     143
Connections routed                                              143
Connections remaining                                             0
```

图 4-4-10 布线信息

本章将采用手动布线的方式进行布线，只需要连接信号线和电源线，地线在敷铜时统一连接。

执行"工具"→"取消布线"→"全部"命令，取消并删除 PCB 中的所有布线。执行"放置"→"交互式布线"命令，为电源电路手动布线，电源电路底层布线如图 4-4-11 所示，电源电路顶层布线如图 4-4-12 所示。

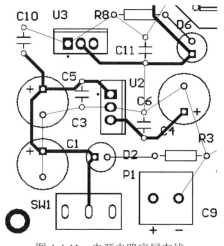 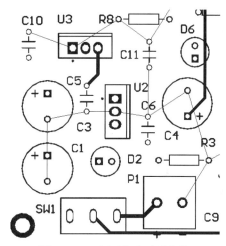

图 4-4-11 电源电路底层布线　　　　图 4-4-12 电源电路顶层布线

执行"放置"→"交互式布线"命令，为指示灯电路和电动机驱动电路手动布线，指示灯电路和电动机驱动电路底层布线如图 4-4-13 所示，指示灯电路和电动机驱动电路顶层布线如图 4-4-14 所示。

执行"放置"→"交互式布线"命令，对其他电路进行手动布线。整体布线完毕后，为了使布线方便，可适当调节布线，也可适当调整元件的位置和方向。手动布线完毕后，切换至"Top Layer"层，顶层布线如图 4-4-15 所示；切换至"Bottom Layer"层，底层布线如图 4-4-16 所示。

执行"工具"→"设计规则检查"命令，弹出"设计规则检测"对话框。单击"运行 DRC"按钮，弹出"Messages"对话框，如图 4-4-17 所示，丝印与焊盘间距较小的警告信息可忽略，未连接的引脚均属于"GND"网络的警告信息可忽略。

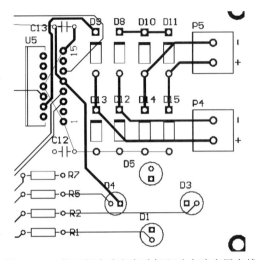 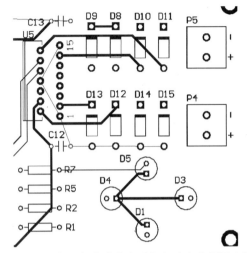

图 4-4-13　指示灯电路和电动机驱动电路底层布线　　图 4-4-14　指示灯电路和电动机驱动电路顶层布线

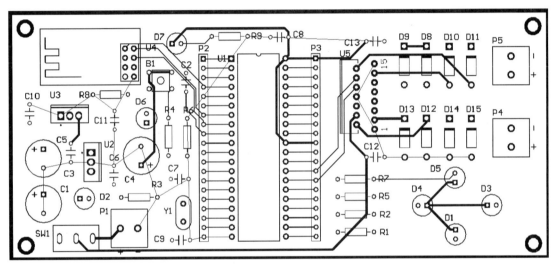

图 4-4-15　顶层布线

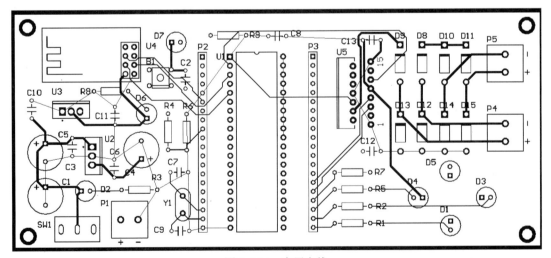

图 4-4-16　底层布线

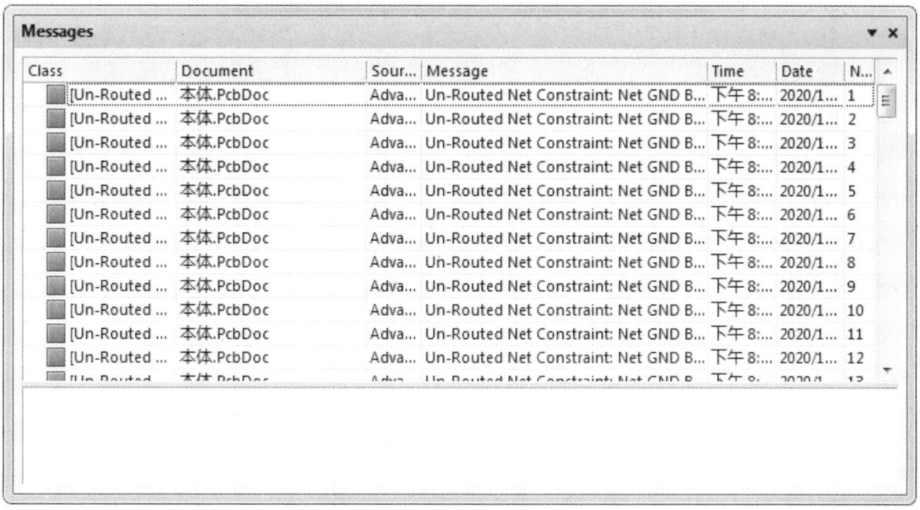

图 4-4-17 "Messages"对话框

4.4.3 敷铜

本节为"GND"网络敷铜。执行"放置"→"多边形敷铜"命令,弹出"多边形敷铜"对话框,"层"选择"Bottom Layer","链接到网络"选择"GND",底层敷铜参数如图 4-4-18 所示。单击"确定"按钮,即可绘制铜皮形状,底层铜皮形状如图 4-4-19 所示。

图 4-4-18 底层敷铜参数

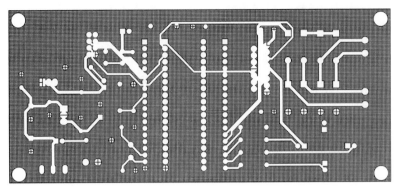

图 4-4-19 底层铜皮形状

执行"放置"→"多边形敷铜"命令,弹出"多边形敷铜"对话框,"层"选择"Top Layer","链接到网络"选择"GND",顶层敷铜参数如图 4-4-20 所示。单击"确定"按钮,即可绘制铜皮形状,顶层铜皮形状如图 4-4-21 所示。

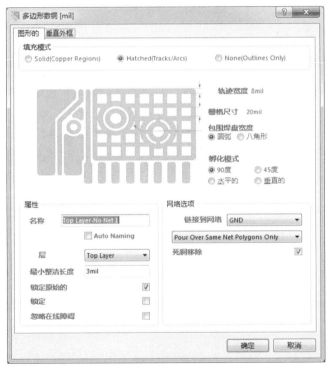

图 4-4-20 顶层敷铜参数

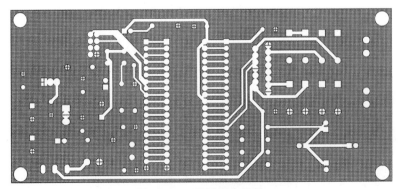

图 4-4-21 顶层铜皮形状

执行"报告"→"板子信息"命令,弹出"PCB 信息"对话框。单击"报告"按钮,弹出"板报告"对话框,勾选"Routing Information"复选框。单击"报告"按钮,弹出如图 4-4-22 所示的布线信息,可见所有飞线均布通。

Routing

Routing Information	
Routing completion	100.00%
Connections	143
Connections routed	143
Connections remaining	0

图 4-4-22 布线信息

执行"放置"→"过孔"命令,在敷铜区域放置一定数量的过孔。过孔放置完毕后,遥控小车机器人本体 PCB 敷铜完毕。遥控小车机器人本体 PCB 顶层效果如图 4-4-23 所示,遥控小车机器人本体 PCB 底层效果如图 4-4-24 所示,遥控小车机器人本体 PCB 三维视图效果如图 4-4-25 所示。

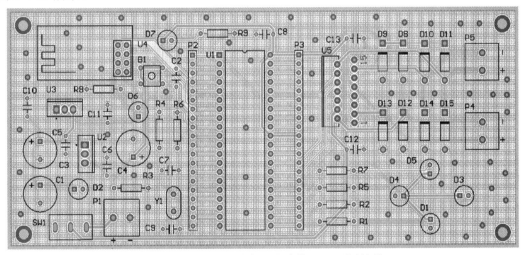

图 4-4-23 遥控小车机器人本体 PCB 顶层效果

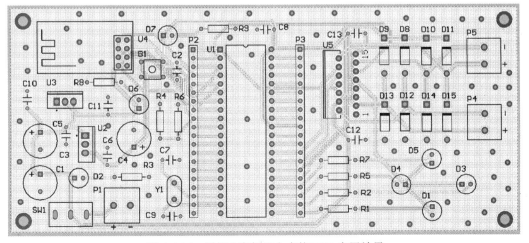

图 4-4-24 遥控小车机器人本体 PCB 底层效果

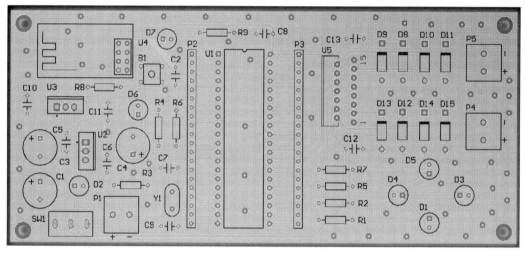

图 4-4-25　遥控小车机器人本体 PCB 三维视图效果

4.5　遥控小车机器人遥控器原理图绘制

4.5.1　电源电路（遥控器）

执行"文件"→"新建"→"原理图"命令，将新创建的原理图保存并命名为"遥控器.SchDoc"。

与遥控小车机器人本体电源电路相似，遥控小车机器人遥控器电源电路如图 4-5-1 所示，遥控小车机器人遥控器电源电路为单片机最小系统电路（遥控器）、独立按键电路和无线模块电路供电。

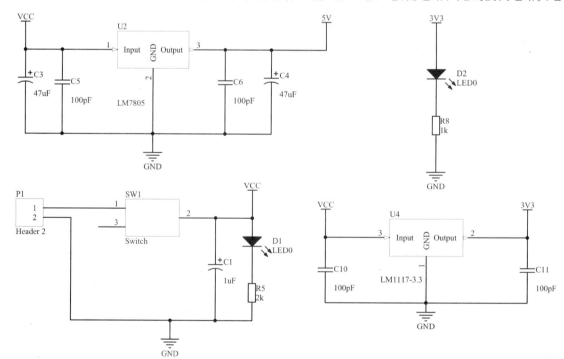

图 4-5-1　遥控小车机器人遥控器电源电路

4.5.2 单片机最小系统电路（遥控器）

遥控小车机器人遥控器单片机最小系统电路与遥控小车机器人本体单片机最小系统电路相似，如图 4-5-2 所示，只是网络标号略有不同。

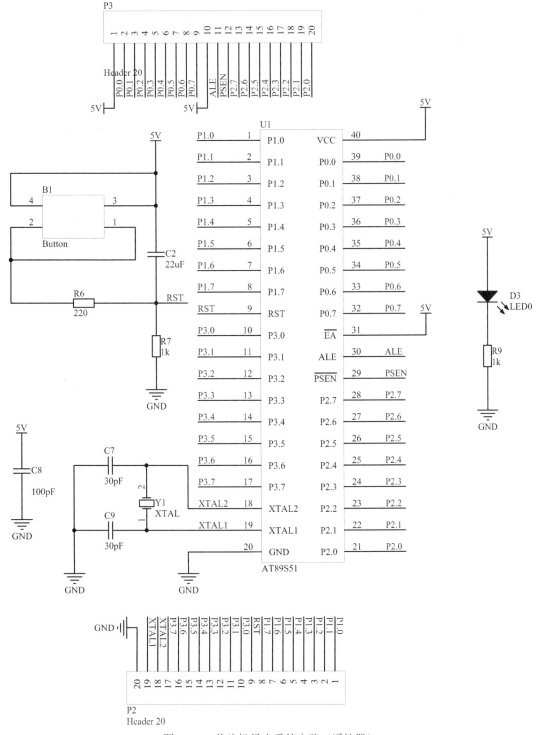

图 4-5-2　单片机最小系统电路（遥控器）

> 小提示
>
> ◎ 后续将介绍网络标号的连接情况。

执行"工程"→"Compile PCB Project 遥控小车机器人遥控器.PrjPcb"命令，弹出"Messages"对话框，如图 4-5-3 所示，基本可以忽略"Messages"对话框中出现的 Warning。

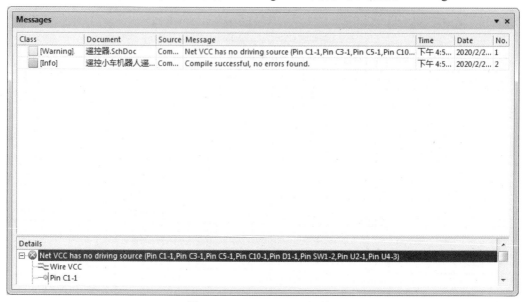

图 4-5-3 "Messages"对话框

4.5.3 无线模块电路

无线模块电路如图 4-5-4 所示，主要由无线模块组成。无线模块电路的主要作用是向遥控小车机器人本体发出指令。元件 U3 的 CSN 引脚通过网络标号"P1.1"与 AT89S51 单片机的 P1.1 引脚相连；CE 引脚通过网络标号"P1.2"与 AT89S51 单片机的 P1.2 引脚相连；MOSI 引脚通过网络标号"P1.5"与 AT89S51 单片机的 P1.5 引脚相连；SCK 引脚通过网络标号"P1.7"与 AT89S51 单片机的 P1.7 引脚相连；IRQ 引脚通过网络标号"P1.3"与 AT89S51 单片机的 P1.3 引脚相连；MISO 引脚通过网络标号"P1.6"与 AT89S51 单片机的 P1.6 引脚相连。

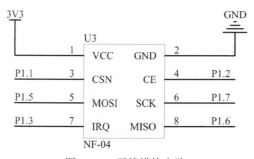

图 4-5-4 无线模块电路

4.5.4 独立按键电路

独立按键电路如图 4-5-5 所示,主要由电阻和独立按键组成。独立按键电路的主要作用是手动向遥控小车机器人遥控器输入指令。独立按键 B2 的引脚 4 和引脚 3 通过网络标号"P0.1"与 AT89S51 单片机的 P0.1 引脚相连;独立按键 B3 的引脚 4 和引脚 3 通过网络标号"P0.3"与 AT89S51 单片机的 P0.3 引脚相连;独立按键 B4 的引脚 4 和引脚 3 通过网络标号"P0.2"与 AT89S51 单片机的 P0.2 引脚相连;独立按键 B5 的引脚 4 和引脚 3 通过网络标号"P0.4"与 AT89S51 单片机的 P0.4 引脚相连。

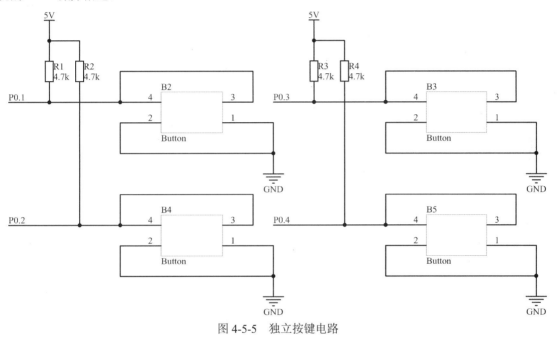

图 4-5-5 独立按键电路

4.6 遥控小车机器人遥控器 PCB 绘制

4.6.1 布局

执行"文件"→"新建"→"PCB"命令,将新创建的 PCB 保存并命名为"遥控器.PcbDoc"。

执行"设计"→"Import Changes From 遥控小车机器人遥控器.PrjPcb"命令,弹出"工程更改顺序"对话框。单击"生效更改"按钮,全部完成检测。单击"执行更改"按钮,即可完成更改。单击"关闭"按钮,即可将元件封装导入 PCB。

将单片机最小系统电路(遥控器)(见图 4-6-1)放置在 PCB 的中央,元件 P2 和元件 P3 分别居于元件 U1 两侧。晶振电路和复位电路放置在元件 U1 的左侧,并且距离不宜过远。

将独立按键电路和电源电路放置在单片机最小系统电路(遥控器)的右侧,独立按键 B2、独立按键 B4、独立按键 B3 和独立按键 B5 放置在上侧板边,方便操作;接线端子 P1 放置在下侧板边,方便接线,如图 4-6-2 所示。

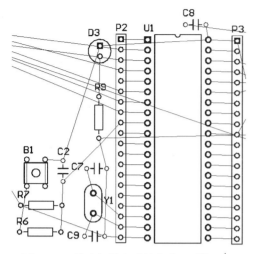
图 4-6-1 单片机最小系统电路（遥控器）

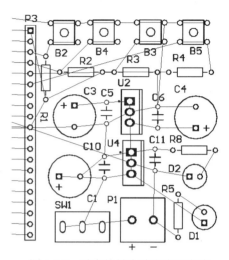
图 4-6-2 独立按键电路和电源电路

将无线模块电路放置在 PCB 左上角。各部分电路均放置在 PCB 上后，初步布局如图 4-6-3 所示。对整体布局再进行微调，适当调节元件间距，使元件可以沿某方向对齐，整体布局如图 4-6-4 所示。

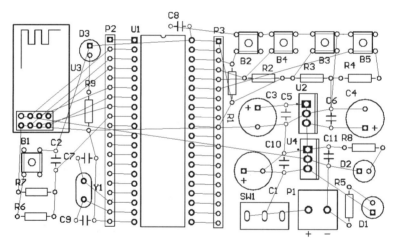
图 4-6-3 初步布局

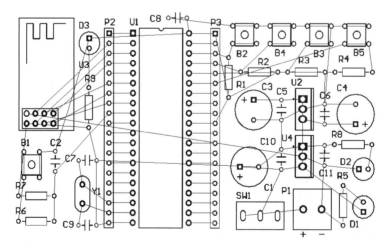
图 4-6-4 整体布局

适当规划版型并放置 4 个过孔，方便安装。对过孔的大小和位置并无特殊要求，合理即可。过孔放置完毕后，元件布局如图 4-6-5 所示，三维视图如图 4-6-6 所示。

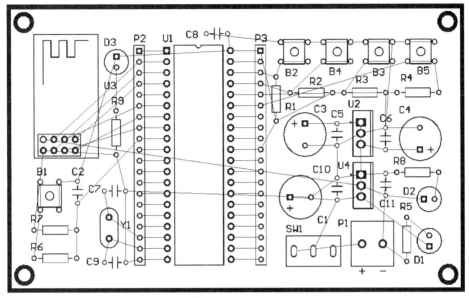

图 4-6-5　元件布局

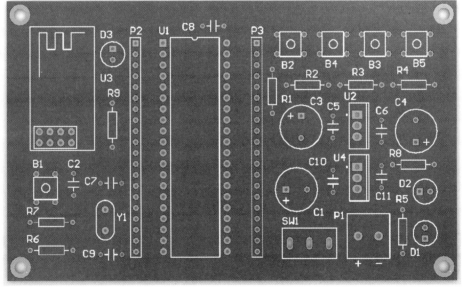

图 4-6-6　三维视图

4.6.2　布线

执行"设计"→"规则"命令，弹出"PCB 规则及约束编辑器"对话框，对布线规则进行设置，设置方法参考 2.4.2 节。本节将信号线线宽设置为"10mil"，电源线线宽设置为"20mil"。

完成布线规则设置后，执行"自动布线"→"全部"命令，弹出"Situs 布线策略"对话框。单击"Route All"按钮，等待一段时间后，自动布线会自动停止。顶层布线如图 4-6-7 所示；底层布线如图 4-6-8 所示。

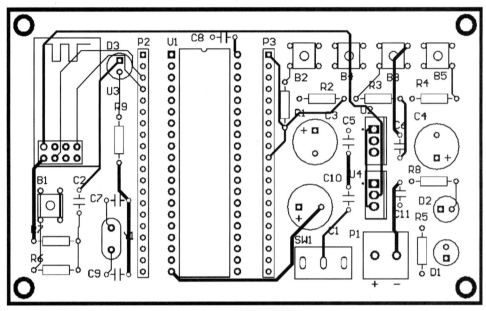

图 4-6-7 顶层布线

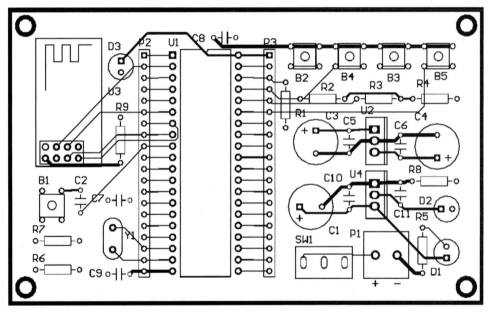

图 4-6-8 底层布线

> 小提示
>
> ◎ 扫描右侧二维码可观看遥控小车机器人遥控器自动布线视频。
> ◎ 因为元件布局不同，所以自动布线的结果也不同。

执行"报告"→"板子信息"命令，弹出"PCB 信息"对话框。单击"报告"按钮，弹出"板报告"对话框，勾选"Routing Information"复选框。单击"报告"按钮，弹出如图 4-6-9 所示的布线信息，所有飞线均布线成功。

读者可以将布线失败的飞线通过手动布线的方式进行连线，本节不再赘述。本章实例采用手动布线的方式进行布线，只需要连接信号线和电源线，地线在敷铜时统一连接。

Routing

Routing Information

Routing completion	100.00%
Connections	120
Connections routed	120
Connections remaining	0

图 4-6-9　布线信息

执行"工具"→"取消布线"→"全部"命令，取消并删除 PCB 中的所有布线。执行"放置"→"交互式布线"命令，为电源电路和独立按键电路手动布线，电源电路和独立按键电路底层布线如图 4-6-10 所示，电源电路和独立按键电路顶层布线如图 4-6-11 所示。

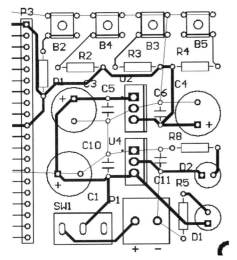
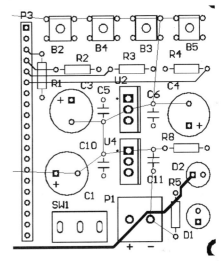

图 4-6-10　电源电路和独立按键电路底层布线　　　图 4-6-11　电源电路和独立按键电路顶层布线

执行"放置"→"交互式布线"命令，为晶振电路和无线模块电路手动布线，晶振电路和无线模块电路底层布线如图 4-6-12 所示，晶振电路和无线模块电路顶层布线如图 4-6-13 所示。

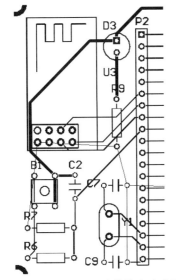
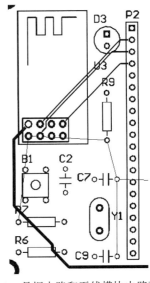

图 4-6-12　晶振电路和无线模块电路底层布线　　　图 4-6-13　晶振电路和无线模块电路顶层布线

执行"放置"→"交互式布线"命令,对其他电路进行手动布线。整体布线完毕后,为了方便布线,可以适当调节布线,也可以适当调整元件的位置和方向。手动布线完毕后,切换至"Top Layer"层,顶层布线如图 4-6-14 所示;切换至"Bottom Layer"层,底层布线如图 4-6-15 所示。

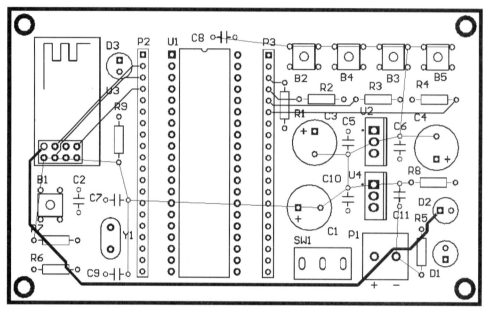

图 4-6-14 顶层布线

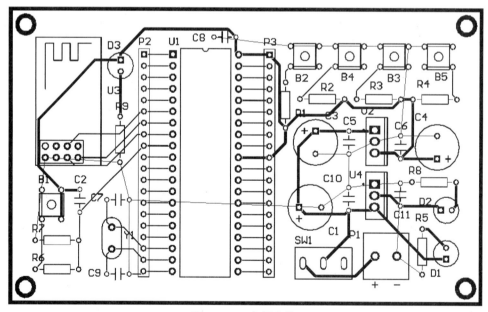

图 4-6-15 底层布线

执行"工具"→"设计规则检查"命令,弹出"设计规则检测"对话框。单击"运行 DRC"按钮,弹出"Messages"对话框,如图 4-6-16 所示,丝印与焊盘间距较小的警告信息可忽略;未连接的引脚均属于"GND"网络的警告信息可忽略。

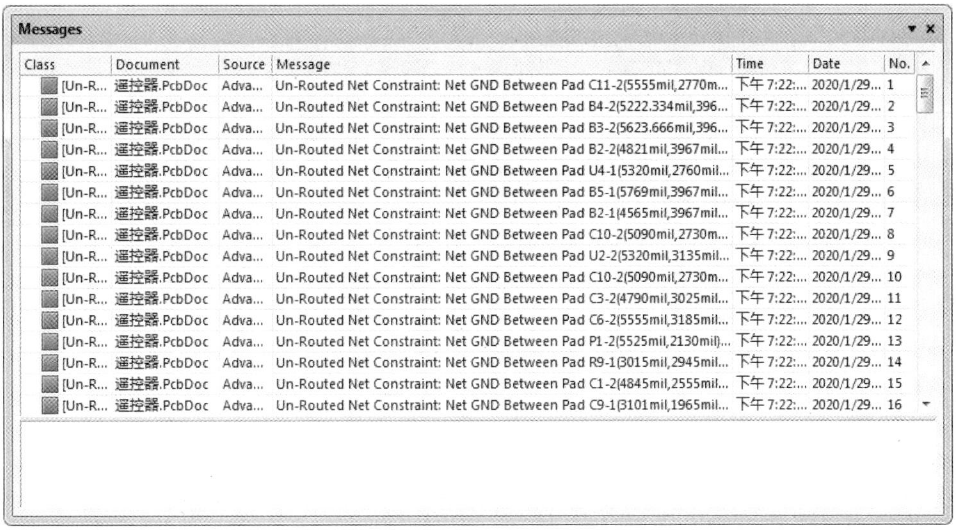

图 4-6-16 "Messages"对话框

4.6.3 敷铜

本节为"GND"网络敷铜。执行"放置"→"多边形敷铜"命令，弹出"多边形敷铜"对话框，"层"选择"Bottom Layer"，"链接到网络"选择"GND"，底层敷铜参数如图 4-6-17 所示。单击"确定"按钮，即可绘制铜皮形状，底层铜皮形状如图 4-6-18 所示。

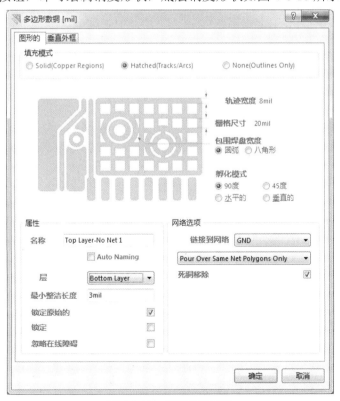

图 4-6-17 底层敷铜参数

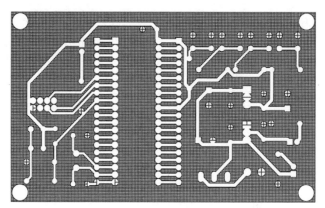

图 4-6-18　底层铜皮形状

执行"放置"→"多边形敷铜"命令,弹出"多边形敷铜"对话框,"层"选择"Top Layer","链接到网络"选择"GND",顶层敷铜参数如图 4-6-19 所示。单击"确定"按钮,即可绘制铜皮形状,顶层铜皮形状如图 4-6-20 所示。

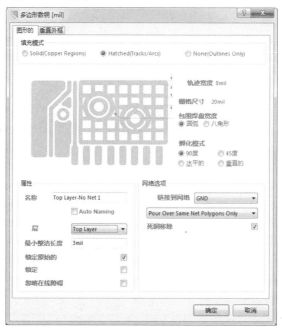

图 4-6-19　顶层敷铜参数

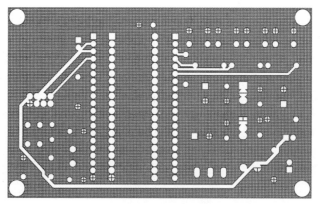

图 4-6-20　顶层铜皮形状

执行"报告"→"板子信息"命令，弹出"PCB 信息"对话框。单击"报告"按钮，弹出"板报告"对话框，勾选"Routing Information"复选框。单击"报告"按钮，弹出如图 4-6-21 所示的布线信息，可见所有飞线均布通。

Routing

Routing Information

Routing completion	100.00%
Connections	168
Connections routed	168
Connections remaining	0

图 4-6-21　布线信息

执行"放置"→"过孔"命令，在敷铜区域放置一定数量的过孔。过孔放置完毕后，遥控小车机器人遥控器 PCB 敷铜完毕，遥控小车机器人遥控器 PCB 顶层效果如图 4-6-22 所示，遥控小车机器人遥控器 PCB 底层效果如图 4-6-23 所示，遥控小车机器人遥控器 PCB 三维视图效果如图 4-6-24 所示。

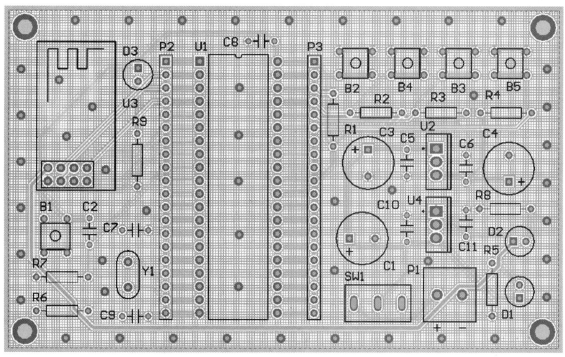

图 4-6-22　遥控小车机器人遥控器 PCB 顶层效果

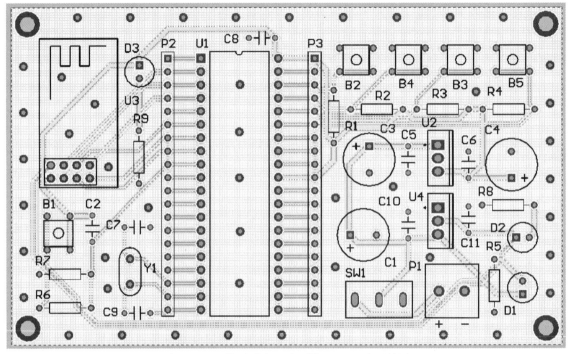

图 4-6-23 遥控小车机器人遥控器 PCB 底层效果

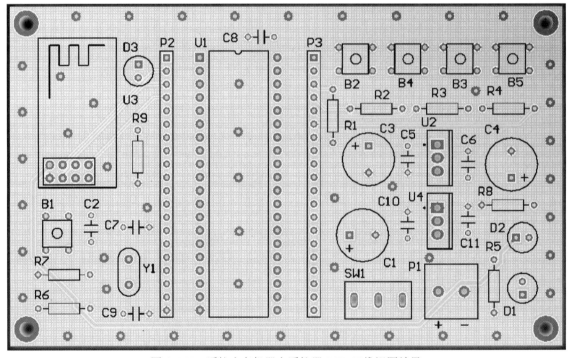

图 4-6-24 遥控小车机器人遥控器 PCB 三维视图效果

第 5 章　循迹机器人 PCB 设计实例

5.1　整体设计思路

循迹机器人电路包括单片机最小系统电路、电源电路、循迹传感器电路、指示灯电路和电动机驱动电路。循迹机器人硬件系统框图如图 5-1-1 所示。

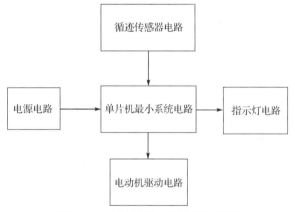

图 5-1-1　循迹机器人硬件系统框图

单片机最小系统电路可以选择 51 系列单片机。51 系列单片机是对所有兼容 Intel 8031 指令系统的单片机的统称，其代表型号是 ATMEL 公司的 AT89 系列，它已广泛应用于工业测控系统。

电源电路需要提供 5V 电源网络，主要元件可以选用 LM7805。

指示灯电路主要由 LED 组成，LED 用于指示各部分电路的状态。

电动机驱动电路主要由 L298N 组成，可以控制 2 个直流电动机，并且可以根据 PWM 信号对直流电动机进行调速。

循迹传感器电路主要由红外对管和电压比较器 LM393 组成，用于识别路径标志线。

Altium Designer 中的元件库没有包括本实例要使用的所有元件，因此需要自行绘制所需元件的原理图库和 PCB 元件库。

新建循迹机器人 PCB 设计工程项目。执行"开始"→"所有程序"→"Altium"命令，启动 Altium Designer。由于操作系统不同，快捷方式的位置可能会略有变化。

执行"文件"→"New"→"Project"命令，弹出"New Project"对话框，在"Project Types"列表框中选择"PCB Project"选项，在"Project Templates"列表框中选择"<Default>"选项，在"Name"文本框中输入"循迹机器人"，将"Location"设置为"E:\机器人\机器人 PCB\project\5"。单击"New Project"对话框中的"OK"按钮，完成新建工程项目，"Projects"窗格中出现"循迹机器人.PrjPcb"选项，采用同样的方式新建命名为"循迹传感器电路"的工程项目，如图 5-1-2 所示。

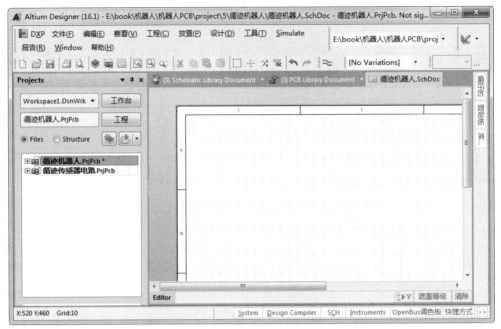

图 5-1-2　完成新建工程项目

5.2　元件库绘制

5.2.1　STC89C51 单片机元件库

执行"文件"→"New"→"Library"→"原理图库"命令，将新创建的原理图库保存并命名为"STC89C51.SchLib"。在绘制 STC89C51 单片机原理图库时，需要根据 STC89C51 单片机的各引脚进行编辑。STC89C51 单片机引脚示意图如图 5-2-1 所示。

执行"放置"→"矩形"命令，并按下 Tab 键，弹出"长方形"对话框，其参数设置如图 5-2-2 所示，单击"确定"按钮，即可将矩形放置在图纸上。

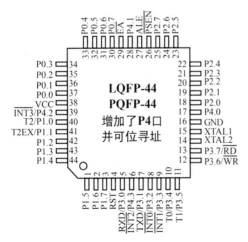

图 5-2-1　STC89C51 单片机引脚示意图

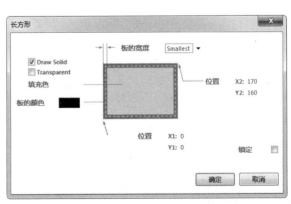

图 5-2-2　"长方形"对话框的参数设置

执行"放置"→"引脚"命令，在矩形下方放置 11 个引脚。由左向右依次将引脚标识修改为"1"、"2"、"3"、"4"、"5"、"6"、"7"、"8"、"9"、"10"和"11"。由左向右依次将引脚名称修改为"P1.5"、"P1.6"、"P1.7"、"RST"、"P3.0"、"P4.3"、"P3.1"、"P3.2"、"P3.3"、"P3.4"和"P3.5"。

执行"放置"→"引脚"命令，在矩形右侧放置 11 个引脚。由下向上依次将引脚标识修改为"12"、"13"、"14"、"15"、"16"、"17"、"18"、"19"、"20"、"21"和"22"。由下向上依次将引脚名称修改为"P3.6"、"P3.7"、"XTAL2"、"XTAL1"、"GND"、"P4.0"、"P2.0"、"P2.1"、"P2.2"、"P2.3"和"P2.4"。

执行"放置"→"引脚"命令，在矩形上方放置 11 个引脚。由右向左依次将引脚标识修改为"23"、"24"、"25"、"26"、"27"、"28"、"29"、"30"、"31"、"32"和"33"。由右向左依次将引脚名称修改为"P2.5"、"P2.6"、"P2.7"、"P\S\E\N\"、"ALE"、"P4.1"、"E\A\"、"P0.7"、"P0.6"、"P0.5"和"P0.4"。

执行"放置"→"引脚"命令，在矩形左侧放置 11 个引脚。由上向下依次将引脚标识修改为"34"、"35"、"36"、"37"、"38"、"39"、"40"、"41"、"42"、"43"和"44"。由上向下依次将引脚名称修改为"P0.3"、"P0.2"、"P0.1"、"P0.0"、"VCC"、"P4.2"、"P1.0"、"P1.1"、"P1.2"、"P1.3"和"P1.4"。引脚放置完毕如图 5-2-3 所示。

执行"工具"→"重新命名器件"命令，弹出"Rename Component"对话框，将新创建的原理图库命名为"STC89C51"，单击"确定"按钮，即可完成重命名。

单击"SCH Library"窗格中器件栏的"编辑"按钮，弹出"Library Component Properties"对话框，将"Default Designator"设置为"U?"，"Default Comment"设置为"STC89C51"，单击"OK"按钮，即可完成 STC89C51 单片机原理图库的设置。

至此，STC89C51 单片机原理图库绘制完毕，如图 5-2-4 所示。

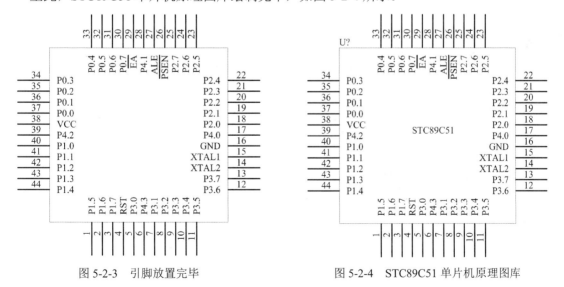

图 5-2-3　引脚放置完毕　　　　　　　图 5-2-4　STC89C51 单片机原理图库

> 🗒 小提示
> ◎ 将 STC89C51 单片机原理图库放置在原理图图纸上才会出现"U?"和"STC89C51"。

执行"文件"→"New"→"Library"→"PCB 元件库"命令，将新创建的 PCB 元件库保存并命名为"STC89C51.PcbLib"。在绘制 STC89C51 单片机 PCB 元件库时，需要根据 STC89C51

单片机封装尺寸进行绘制。STC89C51 单片机封装尺寸图如图 5-2-5 所示。

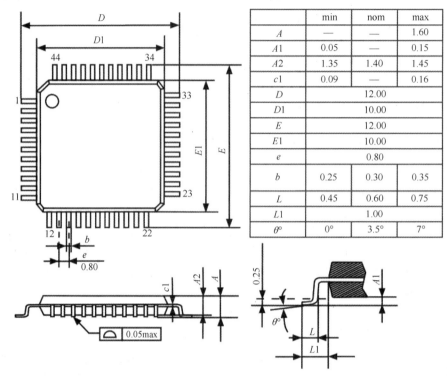

图 5-2-5　STC89C51 单片机封装尺寸图

执行"工具"→"元器件向导"命令,弹出"Component Wizard"对话框,表示 PCB 器件向导已经启动。单击"Component Wizard"对话框中的"一步"按钮,弹出"器件图案"界面,选择"Quad Packs(QUAD)"选项,将单位设置为"mil",如图 5-2-6 所示。

单击"Component Wizard"对话框中的"一步"按钮,弹出"Define the pads dimensions"(定义焊盘尺寸)界面,将长度设置为"63mil",高度设置为"18mil",如图 5-2-7 所示。

图 5-2-6　"器件图案"界面

图 5-2-7　定义焊盘尺寸界面

单击"元件向导"对话框中的"一步"按钮,弹出"定义焊盘外形"界面,将第一焊盘的外形设置为"Rectangular",其余焊盘的外形设置为"Round",如图 5-2-8 所示。

单击"元件向导"对话框中的"一步"按钮,弹出"Define the outline width"(定义外框宽度)界面,将外框宽度设置为"10mil",如图5-2-9所示。

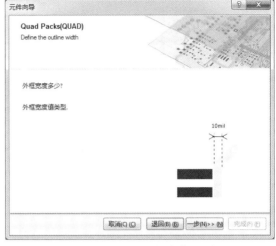

图5-2-8 "定义焊盘外形"界面　　　　　　图5-2-9 定义外框宽度界面

单击"元件向导"对话框中的"一步"按钮,弹出"Define the pads layout"(定义焊盘间距)界面,将相邻焊盘的间距设置为"31.5mil",其他间距设置为"65mil",如图5-2-10所示。

单击"元件向导"对话框中的"一步"按钮,弹出"Set the pads naming style"(定义焊盘放置顺序)界面,其参数设置,如图5-2-11所示。

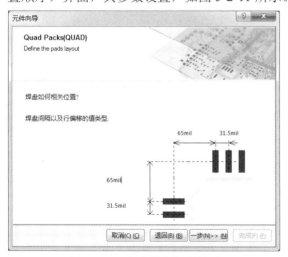
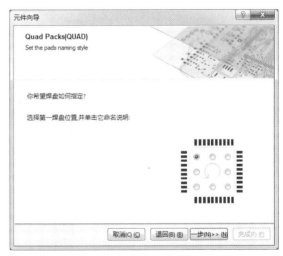

图5-2-10 定义焊盘间距界面　　　　　　图5-2-11 定义焊盘放置顺序界面

单击"元件向导"对话框中的"一步"按钮,弹出"设置焊盘数"界面,将X方向的焊盘数目设置为"11",Y方向的焊盘数目设置为"11",如图5-2-12所示。

单击"元件向导"对话框中的"一步"按钮,弹出"Set the comonent name"(元件命名)界面,将元件命名为"Quad44",如图5-2-13所示。

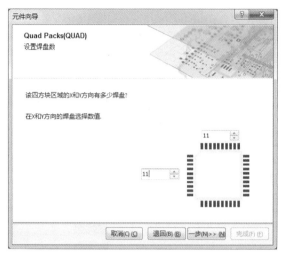
图 5-2-12 "设置焊盘数"界面

图 5-2-13 元件命名界面

单击"元件向导"对话框中的"一步"按钮,弹出完成任务界面。单击"元件向导"对话框中的"完成"按钮,即可将绘制出的元件放置在图纸上,STC89C51 单片机 PCB 元件库如图 5-2-14 所示。

需要将 STC89C51 单片机 PCB 元件库中的 Quad44 封装加载到 STC89C51 单片机原理图库中,可参考 2.2.1 节所述方法。当"SCH Library"窗格如图 5-2-15 所示时,证明封装已经加载完毕。

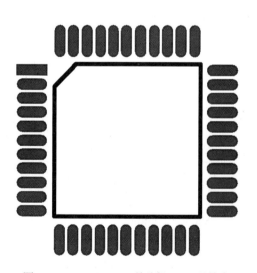
图 5-2-14 STC89C51 单片机 PCB 元件库

图 5-2-15 "SCH Library"窗格

至此,STC89C51 单片机 PCB 元件库绘制完毕。

5.2.2 TCRT5000 元件库

执行"文件"→"New"→"Library"→"原理图库"命令，将新创建的原理图库保存并命名为"TCRT5000.SchLib"。在绘制 TCRT5000 原理图库时，需要查看 TCRT5000 数据手册。TCRT5000 引脚示意图如图 5-2-16 所示。

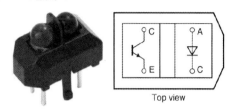

图 5-2-16　TCRT5000 引脚示意图

执行"放置"→"矩形"命令，并按下 Tab 键，弹出"长方形"对话框，其参数设置如图 5-2-17 所示，单击"确定"按钮，即可将矩形放置在图纸上。

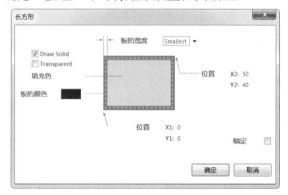

图 5-2-17　"长方形"对话框的参数设置

执行"放置"→"引脚"命令，在矩形左侧放置 2 个引脚。由上向下依次将引脚标识修改为"1"和"2"。由上向下依次将引脚名称修改为"C"和"E"。

执行"放置"→"引脚"命令，在矩形右侧放置 2 个引脚。由下向上依次将引脚标识修改为"3"和"4"。由下向上依次将引脚名称修改为"GND"和"VCC"。4 个引脚放置完毕如图 5-2-18 所示。

执行"工具"→"重新命名器件"命令，弹出"Rename Component"对话框，将新创建的原理图库命名为"TCRT5000"，单击"确定"按钮，即可完成重命名。

单击"SCH Library"窗格中器件栏的"编辑"按钮，弹出"Library Component Properties"对话框，将"Default Designator"设置为"U?"，"Default Comment"设置为"TCRT5000"，单击"OK"按钮，即可完成 TCRT5000 原理图库的设置。

至此，TCRT5000 原理图库绘制完毕，如图 5-2-19 所示。

图 5-2-18　4 个引脚放置完毕

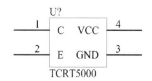

图 5-2-19　TCRT5000 原理图库

小提示

◎ 将 TCRT5000 原理图库放置在原理图图纸上才会出现 "U?" 和 "TCRT5000"。

执行"文件"→"New"→"Library"→"PCB 元件库"命令，将新创建的 PCB 元件库保存并命名为"TCRT5000.PcbLib"。在绘制 TCRT5000 PCB 元件库时，需要根据 TCRT5000 封装尺寸进行绘制。TCRT5000 封装尺寸图如图 5-2-20 所示。

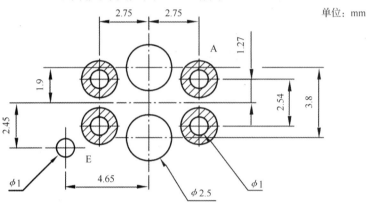

图 5-2-20　TCRT5000 封装尺寸图

执行"工具"→"元器件向导"命令，弹出"Component Wizard"对话框，表示 PCB 器件向导已经启动。单击"Component Wizard"对话框中的"一步"按钮，弹出"器件图案"界面，选择"Dual In-line Packages(DIP)"选项，将单位设置为"mil"，如图 5-2-21 所示。

单击"Component Wizard"对话框中的"一步"按钮，弹出"Define the pads dimensions"（定义焊盘尺寸）界面，将焊盘形状设置为椭圆形，长轴设置为"80mil"，短轴设置为"80mil"，孔径设置为"40mil"，如图 5-2-22 所示。

图 5-2-21　"器件图案"界面

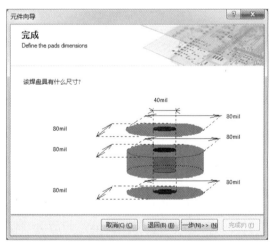

图 5-2-22　定义焊盘尺寸界面

单击"元件向导"对话框中的"一步"按钮，弹出"Define the pads layout"（定义焊盘间距）界面，将相邻焊盘的横向间距设置为"216mil"，纵向间距设置为"100mil"，如图 5-2-23 所示。

单击"元件向导"对话框中的"一步"按钮，弹出"Define the outline width"（定义外框宽度）界面，将外框宽度设置为"10mil"，如图 5-2-24 所示。

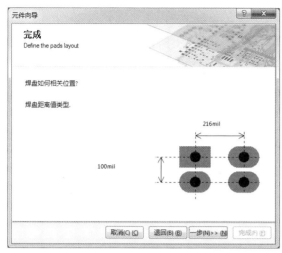

图 5-2-23　定义焊盘间距界面

图 5-2-24　定义外框宽度界面

单击"元件向导"对话框中的"一步"按钮，弹出"设置焊盘数目"界面，将焊盘总数设置为"4"，如图 5-2-25 所示。

单击"元件向导"对话框中的"一步"按钮，弹出"Set the component name"（元件命名）界面，将元件命名为"DIP4"，如图 5-2-26 所示。

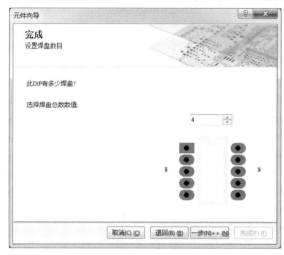

图 5-2-25　"设置焊盘数目"界面

图 5-2-26　元件命名界面

单击"元件向导"对话框中的"一步"按钮，弹出完成任务界面。单击"元件向导"对话框中的"完成"按钮，即可将绘制出的元件放置在图纸上，删除焊盘之间的丝印，焊盘放置完毕，如图 5-2-27 所示。

执行"放置"→"走线"命令，放置 2 条横线和 3 条竖线。双击第 1 条横线，其参数设置如图 5-2-28 所示。双击第 2 条横线，其参数设置如图 5-2-29 所示。双击第 1 条竖线，其参数设置如图 5-2-30 所示。双击第 2 条竖线，其参数设置如图 5-2-31 所示。双击第 3 条竖线，其参数设置如图 5-2-32 所示。

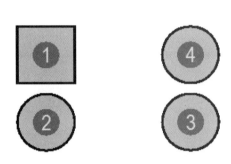

图 5-2-27　焊盘放置完毕

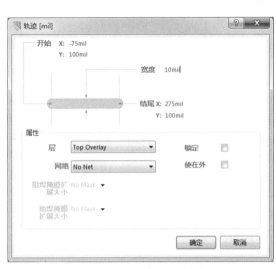

图 5-2-28　第 1 条横线的参数设置

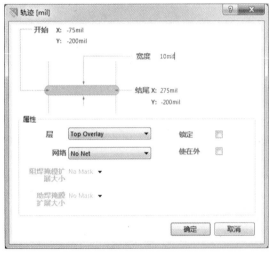

图 5-2-29　第 2 条横线的参数设置

图 5-2-30　第 1 条竖线的参数设置

图 5-2-31　第 2 条竖线的参数设置

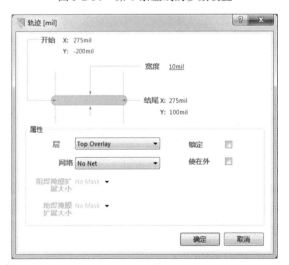

图 5-2-32　第 3 条竖线的参数设置

执行"放置"→"过孔"命令，将 1 个孔径为 2.5mm 的过孔放置在第 2 条竖线的起点。执行"放置"→"过孔"命令,将另 1 个孔径为 2.5mm 的过孔放置在第 2 条竖线的终点。至此,TCRT5000 PCB 元件库绘制完毕,如图 5-2-33 所示。

需要将 TCRT5000 PCB 元件库中的 DIP4 封装加载到 TCRT5000 原理图库中,可参考 2.2.1 节所述方法。当"SCH Library"窗格如图 5-2-34 所示时,证明封装已经加载完毕。

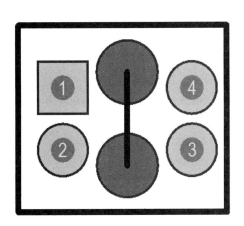

图 5-2-33 TCRT5000 PCB 元件库

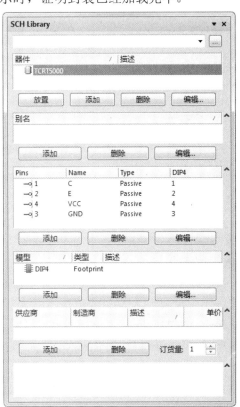

图 5-2-34 "SCH Library"窗格

5.2.3 LM393 元件库

执行"文件"→"New"→"Library"→"原理图库"命令,将新创建的原理图库保存并命名为"LM393.SchLib"。在绘制 LM393 原理图库时,需要根据 LM393 的各引脚进行编辑。LM393 引脚示意图如图 5-2-35 所示。

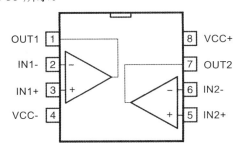

图 5-2-35 LM393 引脚示意图

执行"放置"→"矩形"命令,并按下 Tab 键,弹出"长方形"对话框,其参数设置如图 5-2-36 所示,单击"确定"按钮,即可将矩形放置在图纸上。

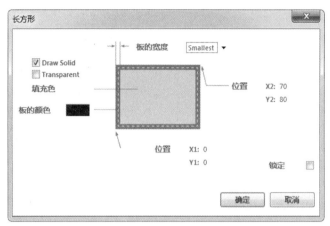

图 5-2-36 "长方形"对话框的参数设置

执行"放置"→"引脚"命令，在矩形左侧放置 4 个引脚。由上向下依次将引脚标识修改为"1"、"2"、"3"和"4"。由上向下依次将引脚名称修改为"OUT1"、"IN1-"、"IN1+"和"VCC-"。

执行"放置"→"引脚"命令，在矩形右侧放置 4 个引脚。由下向上依次将引脚标识修改为"5"、"6"、"7"和"8"。由下向上依次将引脚名称修改为"IN2+"、"IN2-"、"OUT2"和"VCC+"。8 个引脚放置完毕，如图 5-2-37 所示。

执行"工具"→"重新命名器件"命令，弹出"Rename Component"对话框，将新创建的原理图库命名为"LM393"，单击"确定"按钮，即可完成重命名。

单击"SCH Library"窗格中器件栏的"编辑"按钮，弹出"Library Component Properties"对话框，将"Default Designator"设置为"U?"，"Default Comment"设置为"LM393"，单击"OK"按钮，即可完成 LM393 原理图库的设置。

至此，LM393 原理图库绘制完毕，如图 5-2-38 所示。

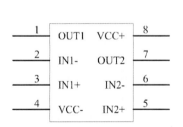

图 5-2-37 8 个引脚放置完毕

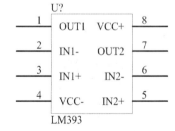

图 5-2-38 LM393 原理图库

> 小提示
> ◎ 将 LM393 原理图库放置在原理图图纸上才会出现"U?"和"LM393"。

执行"文件"→"New"→"Library"→"PCB 元件库"命令，将新创建的 PCB 元件库保存并命名为"LM393.PcbLib"。在绘制 LM393 PCB 元件库时，需要根据 LM393 封装尺寸进行绘制。LM393 封装尺寸图如图 5-2-39 所示。

执行"工具"→"元器件向导"命令，弹出"Component Wizard"对话框，表示 PCB 器件向导已经启动。单击"Component Wizard"对话框中的"一步"按钮，弹出"器件图案"界面，选择"Small Outline Packages(SOP)"选项，将单位设置为"mil"，如图 5-2-40 所示。

单击"Component Wizard"对话框中的"一步"按钮，弹出"定义焊盘尺寸"界面，将长度设置为"85mil"，高度设置为"27mil"，如图 5-2-41 所示。

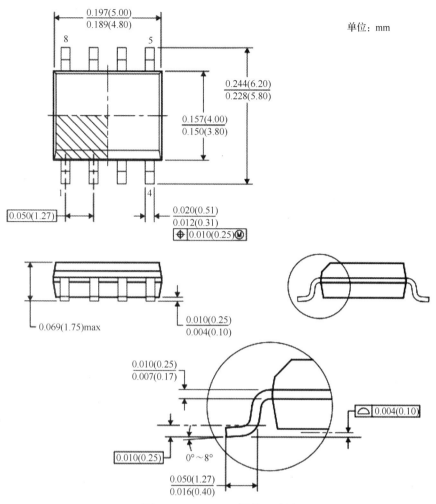

图 5-2-39　LM393 封装尺寸图

图 5-2-40　"器件图案"界面

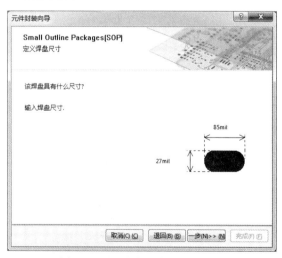

图 5-2-41　"定义焊盘尺寸"界面

单击"元件封装向导"对话框中的"一步"按钮,弹出"定义焊盘布局"界面,将相邻焊盘的横向间距设置为"238mil",纵向间距设置为"50mil",如图 5-2-42 所示。

单击"元件封装向导"对话框中的"一步"按钮,弹出"定义外框宽度"界面,将外框宽度设置为"10mil",如图 5-2-43 所示。

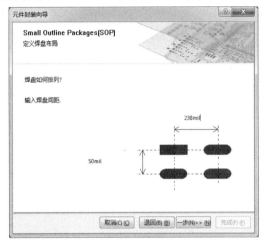
图 5-2-42 "定义焊盘布局"界面

图 5-2-43 定义外框宽度界面

单击"元件封装向导"对话框中的"一步"按钮,弹出"设定焊盘数量"界面,将焊盘总数设置为"8",如图 5-2-44 所示。

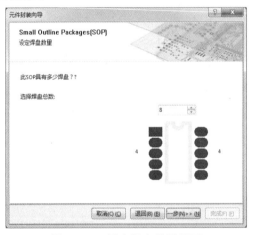
图 5-2-44 设定焊盘数量界面

单击"元件封装向导"对话框中的"一步"按钮,弹出完成任务界面。单击"元件封装向导"对话框中的"完成"按钮,即可将绘制出的元件放置在图纸上,LM393 PCB 元件库如图 5-2-45 所示。

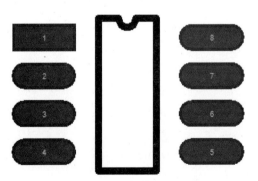
图 5-2-45 LM393 PCB 元件库

需要将 LM393 PCB 元件库中的 SOP6 封装加载到 LM393 原理图库中，可参考 2.2.1 节所述方法。当"SCH Library"窗格如图 5-2-46 所示时，证明封装已经加载完毕。

图 5-2-46 "SCH Library"窗格

5.2.4 可调电阻元件库

对于可调电阻，用户可以选用 Altium Designer 中自带的可调电阻原理图库，如图 5-2-47 所示，不必自行绘制。

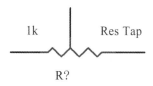

图 5-2-47 可调电阻原理图库

执行"文件"→"New"→"Library"→"PCB 元件库"命令，将新创建的 PCB 元件库保存并命名为"可调电阻.PcbLib"。在绘制可调电阻 PCB 元件库时，需要根据可调电阻封装尺寸进行绘制。可调电阻封装尺寸图如图 5-2-48 所示。

执行"放置"→"焊盘"命令，并按下 Tab 键，弹出"焊盘"对话框。将"位置"选区中的"X"设置为"0mil"，"Y"设置为"0mil"，"旋转"设置为"0.000"；将"属性"选区中的"标识"设置为"2"，"层"设置为"Top Layer"；将"尺寸和外形"选区中的"X-Size"设置为"67mil"，"Y-Size"设置为"67mil"，"外形"设置为"Rectangular"，如图 5-2-49 所示。

图 5-2-48 可调电阻封装尺寸图

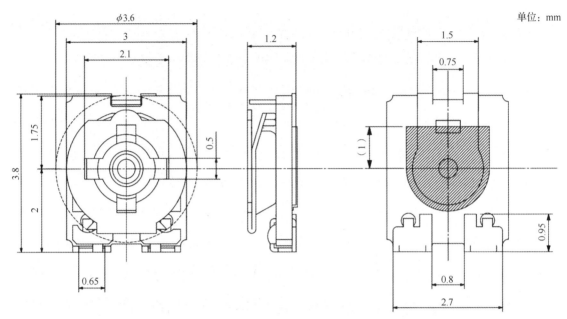

图 5-2-49 焊盘 2

执行"放置"→"焊盘"命令,并按下 Tab 键,弹出"焊盘"对话框。将"位置"选区中的"X"设置为"130mil","Y"设置为"-40mil","旋转"设置为"0.000",将"属性"选区中的"标识"设置为"1","层"设置为"Top Layer";将"尺寸和外形"选区中的"X-Size"设置为"47mil","Y-Size"设置为"47mil","外形"设置为"Rectangular",如图 5-2-50 所示。

图 5-2-50　焊盘 1

执行"放置"→"焊盘"命令,并按下 Tab 键,弹出"焊盘"对话框。将"位置"选区中的"X"设置为"130mil","Y"设置为"40mil","旋转"设置为"0.000",将"属性"选区中的"标识"设置为"3","层"设置为"Top Layer";将"尺寸和外形"选区中的"X-Size"设置为"47mil","Y-Size"设置为"47mil","外形"设置为"Rectangular",如图 5-2-51 所示。

图 5-2-51　焊盘 3

执行"放置"→"走线"命令，放置 2 条横线和 2 条竖线。双击第 1 条横线，其参数设置如图 5-2-52 所示。双击第 2 条横线，其参数设置如图 5-2-53 所示。双击第 1 条竖线，其参数设置如图 5-2-54 所示。双击第 2 条横线，其参数设置如图 5-2-55 所示。

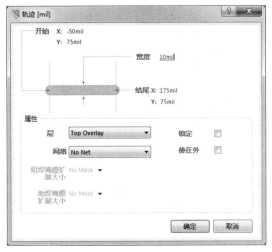

图 5-2-52　第 1 条横线的参数设置

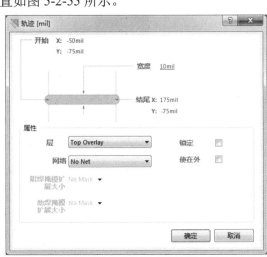

图 5-2-53　第 2 条横线的参数设置

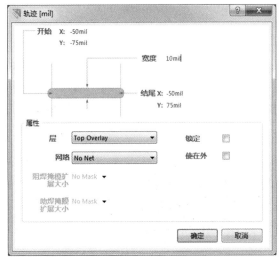

图 5-2-54　第 1 条竖线的参数设置

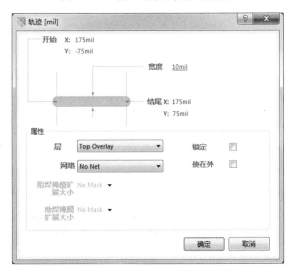

图 5-2-55　第 2 条竖线的参数设置

至此，可调电阻 PCB 元件库绘制完毕，如图 5-2-56 所示。

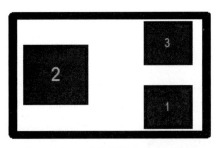

图 5-2-56　可调电阻 PCB 元件库

单击"PCB Library"窗格中的"PCBCOMPONENT_1"选项，弹出"PCB 库元件"对话框，将"名称"设置为"SOP-3"，单击"确定"按钮，即可完成名称设置。

5.3 循迹机器人主控原理图绘制

5.3.1 电源电路

执行"文件"→"新建"→"原理图"命令，将新创建的原理图保存并命名为"循迹机器人.SchDoc"。

电源电路如图 5-3-1 所示，主要由接线端子、拨动开关、电解电容、LED、LM7805 和电阻组成。电源电路的主要功能是为其他电路提供 5V 电源网络。

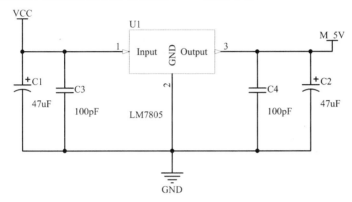

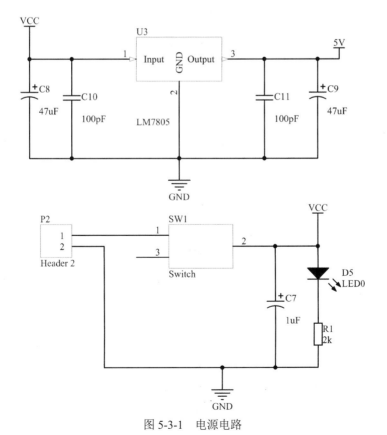

图 5-3-1　电源电路

小提示

◎ 在原理图中为元件加载封装的方法可以参考第 2 章。

5.3.2 单片机最小系统电路

单片机最小系统电路如图 5-3-2 所示，主要由 STC89C51 单片机、晶振、电容、电阻和排针组成。元件 P6、元件 P7、元件 P8 和元件 P9 的主要功能是引出 STC89C51 单片机的引脚，方便扩展使用。

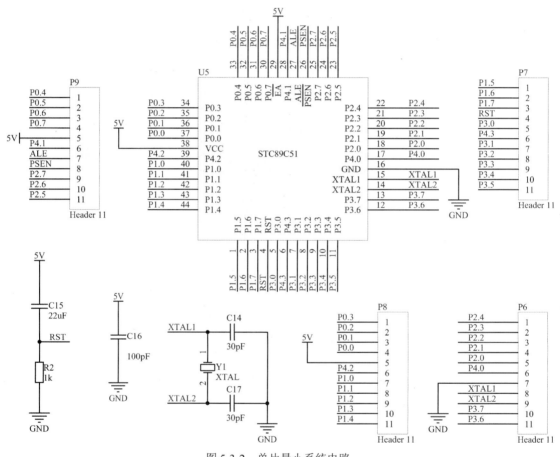

图 5-3-2 单片最小系统电路

小提示

◎ 后续将介绍网络标号的连接情况。

5.3.3 电动机驱动电路

电动机驱动电路如图 5-3-3 所示，主要由 L298N、电容、二极管和接线端子组成。电动机驱动电路的主要作用是驱动电动机运动，如正转、反转、调速和停止等。

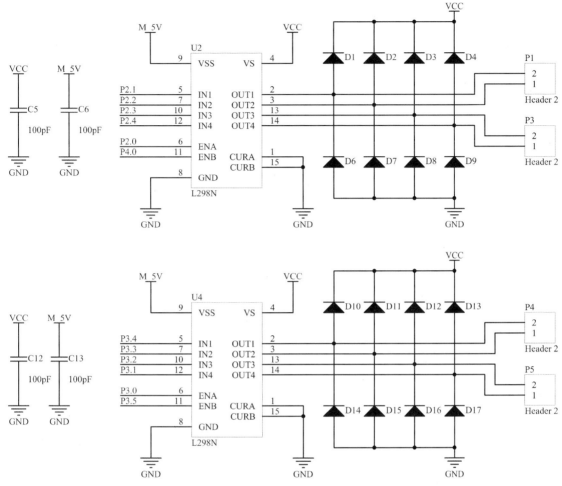

图 5-3-3 电动机驱动电路

元件 U2 的 IN1 引脚通过网络标号 "P2.1" 与 STC89C51 单片机的 P2.1 引脚相连；IN2 引脚通过网络标号 "P2.2" 与 STC89C51 单片机的 P2.2 引脚相连；IN3 引脚通过网络标号 "P2.3" 与 STC89C51 单片机的 P2.3 引脚相连；IN4 引脚通过网络标号 "P2.4" 与 STC89C51 单片机的 P2.4 引脚相连；ENA 引脚通过网络标号 "P2.0" 与 STC89C51 单片机的 P2.0 引脚相连；ENB 引脚通过网络标号 "P4.0" 与 STC89C51 单片机的 P4.0 引脚相连。接线端子 P1 和接线端子 P3 连接直流电动机。

元件 U4 的 IN1 引脚通过网络标号 "P3.4" 与 STC89C51 单片机的 P3.4 引脚相连；IN2 引脚通过网络标号 "P3.3" 与 STC89C51 单片机的 P3.3 引脚相连；IN3 引脚通过网络标号 "P3.2" 与 STC89C51 单片机的 P3.2 引脚相连；IN4 引脚通过网络标号 "P3.1" 与 STC89C51 单片机的 P3.1 引脚相连；ENA 引脚通过网络标号 "P3.0" 与 STC89C51 单片机的 P3.0 引脚相连；ENB 引脚通过网络标号 "P3.5" 与 STC89C51 单片机的 P3.5 引脚相连。接线端子 P4 和接线端子 P5 连接直流电动机。

执行 "工程" → "Compile Document 循迹机器人.SchDoc" 命令，弹出 "Messages" 对话框，如图 5-3-4 所示，基本可以忽略 "Messages" 对话框中出现的 Warning。

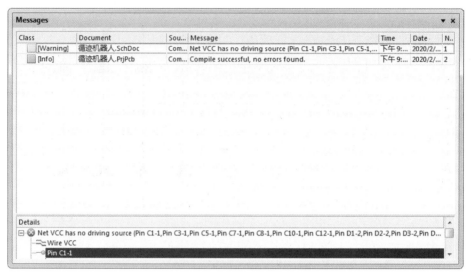

图 5-3-4 "Messages"对话框

5.4 循迹机器人主控 PCB 绘制

5.4.1 布局

执行"文件"→"新建"→"PCB"命令,将新创建的 PCB 保存并命名为"循迹机器人.PcbDoc"。

执行"设计"→"Import Changes From 循迹机器人.PrjPcb"命令,弹出"工程更改顺序"对话框。单击"生效更改"按钮,全部完成检测。单击"执行更改"按钮,即可完成更改。单击"关闭"按钮,即可将元件封装导入 PCB。

将单片机最小系统电路(见图 5-4-1)放置在 PCB 的中央。将元件 P6、元件 P7、元件 P8 和元件 P9 放置在元件 U5 的四周。晶振电路和复位电路紧邻元件 U5 放置。

将电源电路(见图 5-4-2)放置在单片机最小系统电路的下侧,开关元件 SW1 和接线端子 P2 放置在 PCB 的边缘,方便操作。

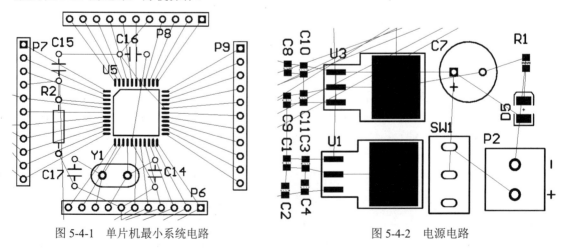

图 5-4-1 单片机最小系统电路　　　　　图 5-4-2 电源电路

将电动机驱动电路（见图 5-4-3）放置在单片机最小系统电路的左侧，元件 P1、元件 P3、元件 P4 和元件 P5 放置在 PCB 的边缘，方便连接直流电动机。

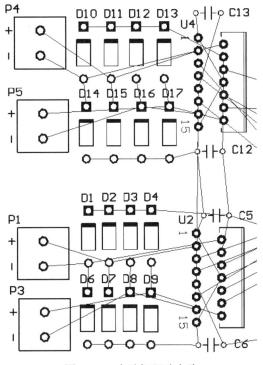

图 5-4-3　电动机驱动电路

各部分电路均放置在 PCB 上，初步布局如图 5-4-4 所示。对整体布局再进行微调，适当调节元件间距，使元件可以沿某方向对齐，整体布局如图 5-4-5 所示。

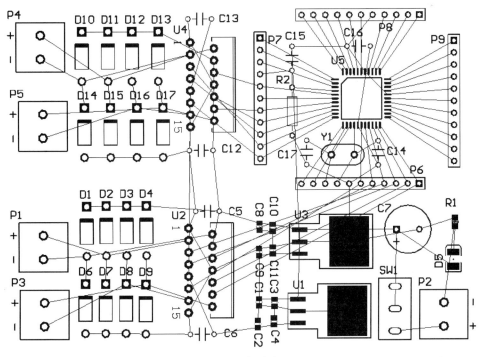

图 5-4-4　初步布局

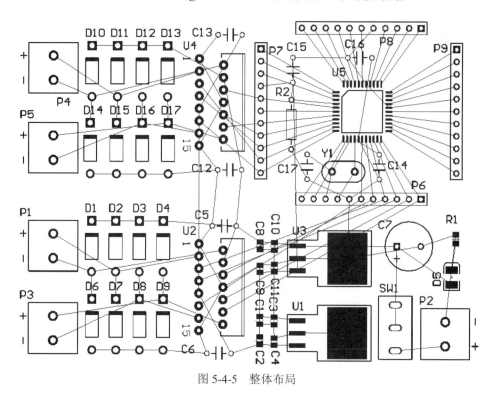

图 5-4-5 整体布局

适当规划版型并放置 4 个过孔，方便安装。对过孔的大小和位置并无特殊要求，合理即可。过孔放置完毕后，元件布局如图 5-4-6 所示，三维视图如图 5-4-7 所示。

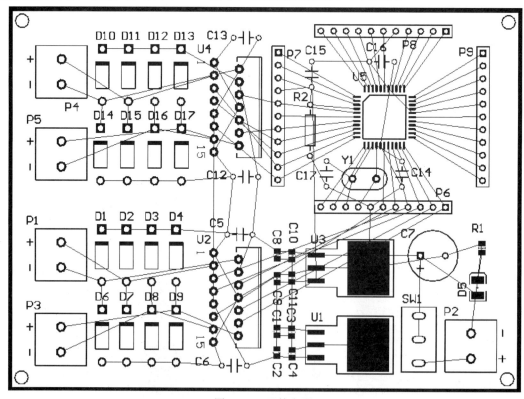

图 5-4-6 元件布局

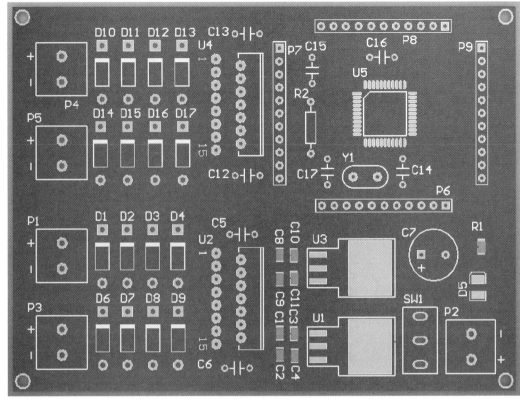

图 5-4-7 三维视图

5.4.2 布线

执行"设计"→"规则"命令,弹出"PCB 规则及约束编辑器"对话框,对布线规则进行设置,设置方法参考 2.4.2 节。本节将信号线线宽设置为"10mil",电源线线宽设置为"25mil"。

完成布线规则设置后,执行"自动布线"→"全部"命令,弹出"Situs 布线策略"对话框。单击"Route All"按钮,等待一段时间后,自动布线会自动停止。顶层布线如图 5-4-8 所示;底层布线如图 5-4-9 所示。

小提示

◎ 扫描右侧二维码可观看循迹机器人主控自动布线视频。

◎ 因为元件布局不同,所以自动布线的结果也不同。

执行"报告"→"板子信息"命令,弹出"PCB 信息"对话框。单击"报告"按钮,弹出"板报告"对话框,勾选"Routing Information"复选框。单击"报告"按钮,弹出如图 5-4-10 所示的布线信息,可见所有飞线均布通。

本章实例将采用手动布线的方式进行布线,只需要连接信号线和电源线,地线在敷铜时统一连接。

执行"工具"→"取消布线"→"全部"命令,取消并删除 PCB 中所有布线。执行"放置"→"交互式布线"命令,为电源电路手动布线,电源电路底层布线如图 5-4-11 所示,电源电路顶层布线如图 5-4-12 所示。

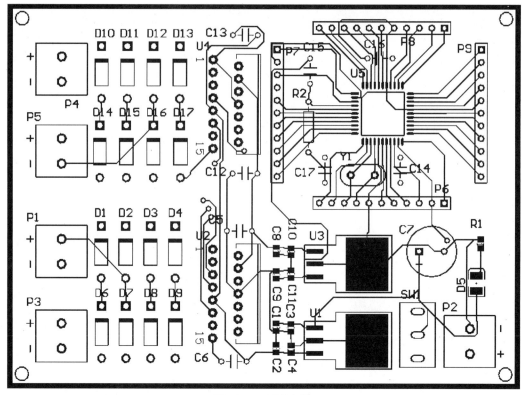

图 5-4-8 顶层布线

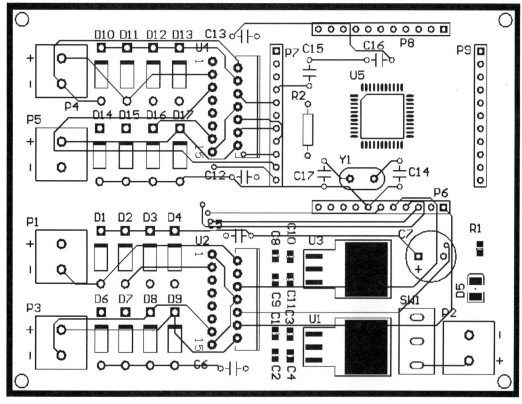

图 5-4-9 底层布线

Routing

Routing Information

Routing completion	100.00%
Connections	157
Connections routed	157
Connections remaining	0

图 5-4-10 布线信息

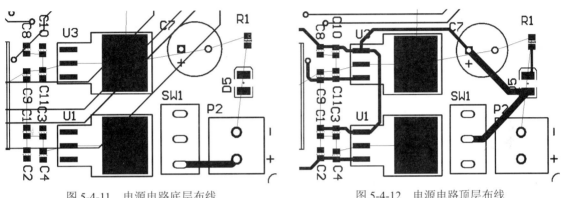

图 5-4-11 电源电路底层布线　　　　图 5-4-12 电源电路顶层布线

执行"放置"→"交互式布线"命令，为单片机最小系统电路手动布线，单片机最小系统电路底层布线如图 5-4-13 所示，单片机最小系统电路顶层布线如图 5-4-14 所示。

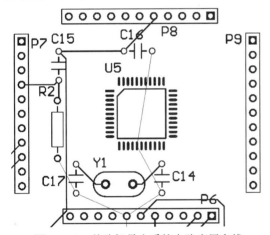 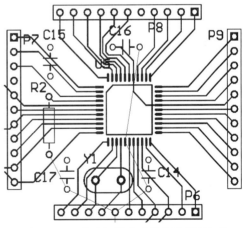

图 5-4-13 单片机最小系统电路底层布线　　　　图 5-4-14 单片机最小系统电路顶层布线

执行"放置"→"交互式布线"命令，为电动机驱动电路手动布线，电动机驱动电路底层布线如图 5-4-15 所示，电动机驱动电路顶层布线如图 5-4-16 所示。

至此，整体布线完毕。为了方便布线，可以适当调节布线，也可以适当调整元件的位置和方向。手动布线完毕后，切换至"Top Layer"层，顶层布线如图 5-4-17 所示；切换至"Bottom Layer"层，底层布线如图 5-4-18 所示。

执行"工具"→"设计规则检查"命令，弹出"设计规则检测"对话框。单击"运行 DRC"按钮，弹出"Messages"对话框，如图 5-4-19 所示，焊盘间距较小的警告信息可忽略；丝印与焊盘间距较小的警告信息可忽略；未连接的引脚均属于"GND"网络的警告信息可忽略。

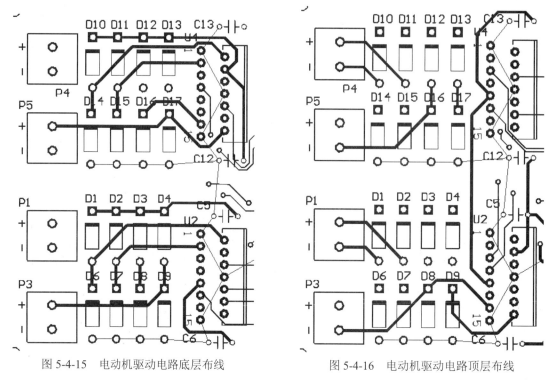

图 5-4-15 电动机驱动电路底层布线　　　　图 5-4-16 电动机驱动电路顶层布线

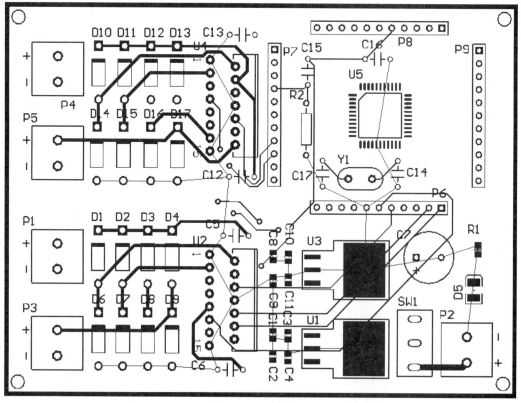

图 5-4-17 顶层布线

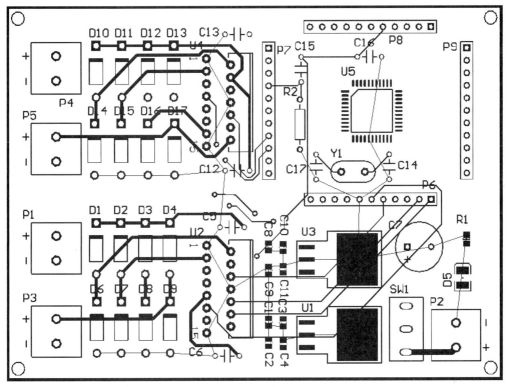

图 5-4-18 底层布线

图 5-4-19 "Messages"对话框

5.4.3 敷铜

本节为"GND"网络敷铜。执行"放置"→"多边形敷铜"命令,弹出"多边形敷铜"对话框,"层"选择"Bottom Layer","链接到网络"选择"GND",底层敷铜参数如图 5-4-20 所示。单击"确定"按钮,即可绘制铜皮形状,底层铜皮形状如图 5-4-21 所示。

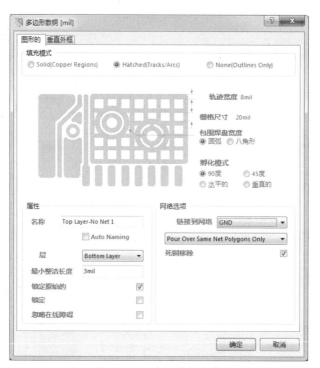

图 5-4-20　底层敷铜参数

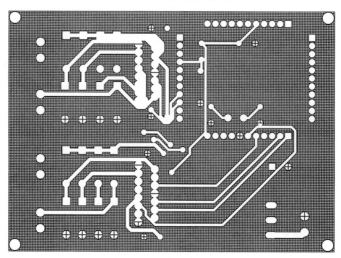

图 5-4-21　底层铜皮形状

执行"放置"→"多边形敷铜"命令，弹出"多边形敷铜"对话框，"层"选择"Top Layer"，"链接到网络"选择"GND"，顶层敷铜参数如图 5-4-22 所示。单击"确定"按钮，即可绘制铜皮形状，顶层铜皮形状如图 5-4-23 所示。

执行"报告"→"板子信息"命令，弹出"PCB 信息"对话框。单击"报告"按钮，弹出"板报告"对话框，勾选"Routing Information"复选框。单击"报告"按钮，弹出如图 5-4-24 所示的布线信息，可见所有飞线均布通。

执行"放置"→"过孔"命令，在敷铜区域放置一定数量的过孔。过孔放置完毕后，循迹机器人主控 PCB 敷铜完毕，循迹机器人主控 PCB 顶层效果如图 5-4-25 所示，循迹机器人主控 PCB 底层效果如图 5-4-26 所示，循迹机器人主控 PCB 三维视图效果如图 5-4-27 所示。

第 5 章 循迹机器人 PCB 设计实例

图 5-4-22 顶层敷铜参数

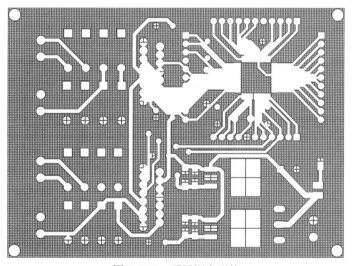

图 5-4-23 顶层铜皮形状

Routing

Routing Information

Routing completion	100.00%
Connections	164
Connections routed	164
Connections remaining	0

图 5-4-24 布线信息

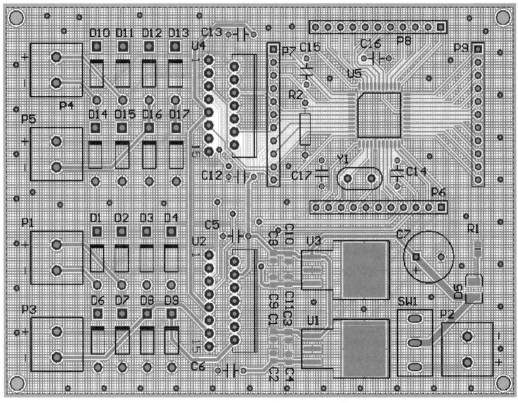

图 5-4-25　循迹机器人主控 PCB 顶层效果

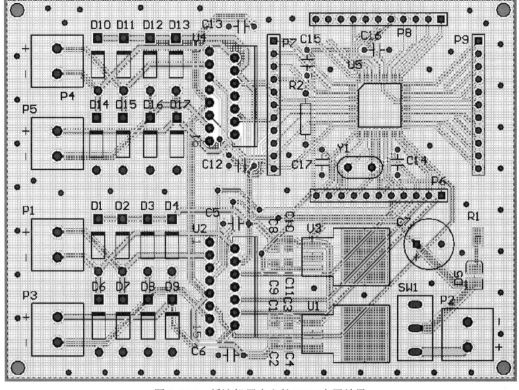

图 5-4-26　循迹机器人主控 PCB 底层效果

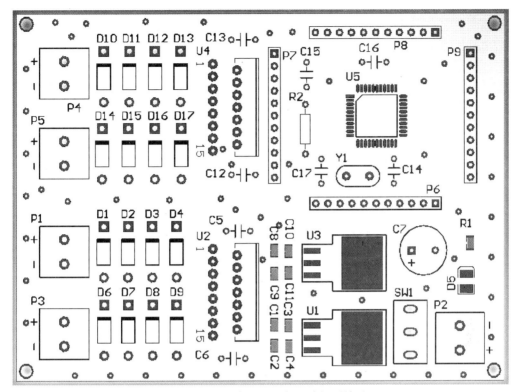

图 5-4-27　循迹机器人主控三维视图效果

5.5　循迹传感器电路原理图绘制

5.5.1　电源电路

执行"文件"→"新建"→"原理图"命令,将新创建的原理图保存并命名为"循迹传感器电路.SchDoc"。

电源电路如图 5-5-1 所示,主要由接线端子、电容和 LM7805 组成。其主要功能是为其他电路提供 5V 电源网络。

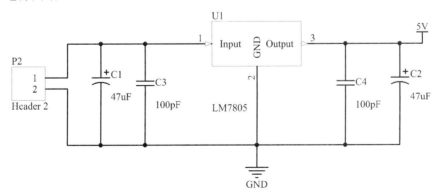

图 5-5-1　电源电路

> **小提示**
> ◎ 在原理图中为元件加载封装的方法可以参考第 2 章。

5.5.2 电压比较器电路

电压比较器电路共包括 4 部分，电压比较器电路第 1 部分如图 5-5-2 所示，主要由 LM393、TCRT5000、LED、可调电阻和电阻组成。电压比较器电路的主要功能是检测路径标志线。

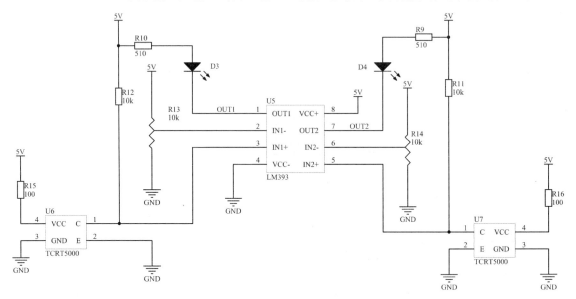

图 5-5-2 电压比较器电路第 1 部分

电压比较器电路第 2 部分如图 5-5-3 所示；电压比较器电路第 3 部分如图 5-5-4 所示。这两部分电路与电压比较器电路第 1 部分较为相似，只是网络标号不同，后续将进行详细介绍。

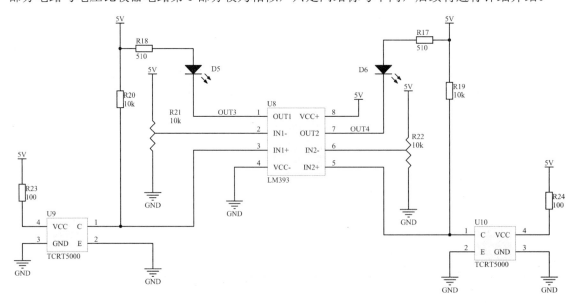

图 5-5-3 电压比较器电路第 2 部分

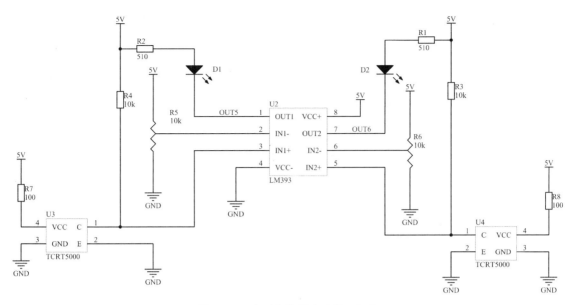

图 5-5-4　电压比较器电路第 3 部分

电压比较器电路第 4 部分如图 5-5-5 所示，由元件 P3 组成，以便将检测的信号输入循迹机器人单片机中。元件 P3 的引脚 1 接入 5V 电源网络；引脚 2 通过网络标号"OUT1"与元件 U5 的引脚 1 相连；引脚 3 通过网络标号"OUT2"与元件 U5 的引脚 7 相连；引脚 4 通过网络标号"OUT3"与元件 U8 的引脚 1 相连；引脚 5 通过网络标号"OUT4"与元件 U8 的引脚 7 相连；引脚 6 通过网络标号"OUT5"与元件 U2 的引脚 1 相连；引脚 7 通过网络标号"OUT6"与元件 U2 的引脚 7 相连。

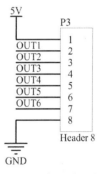

图 5-5-5　电压比较器电路第 4 部分

执行"工程"→"Compile Document 循迹传感器电路.SchDoc"命令，弹出"Messages"对话框，如图 5-5-6 所示，基本可以忽略"Messages"对话框中出现的 Warning。

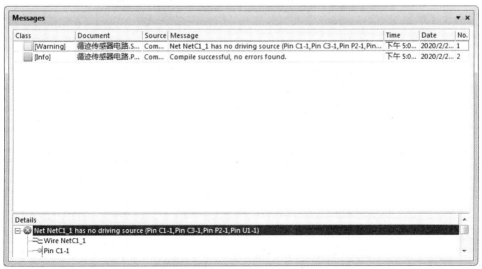

图 5-5-6　"Messages"对话框

5.6 循迹传感器电路 PCB 绘制

5.6.1 布局

执行"文件"→"新建"→"PCB"命令，将新创建的 PCB 保存并命名为"循迹传感器电路.PcbDoc"。

执行"设计"→"Import Changes From 循迹传感器电路.PrjPcb"命令，弹出"工程更改顺序"对话框。单击"生效更改"按钮，全部完成检测。单击"执行更改"按钮，即可完成更改。单击"关闭"按钮，即可将元件封装导入 PCB。

将元件 U6、元件 U7、元件 U9、元件 U10、元件 U3 和元件 U4 依次放置在 PCB 上，并全部选中。执行"排列工具"→"以顶对齐器件"命令，将元件 U6、元件 U7、元件 U9、元件 U10、元件 U3 和元件 U4 向上对齐，放置红外对管如图 5-6-1 所示。

图 5-6-1 放置红外对管

双击元件 U6，弹出"元件 U6"对话框，将"层"设置为"Bottom Layer"，如图 5-6-2 所示。单击"确定"按钮，即可将元件 U6 放在反面，如图 5-6-3 所示。

图 5-6-2 "元件 U6"对话框

图 5-6-3 元件 U6 放在反面

元件 U7、元件 U9、元件 U10、元件 U3 和元件 U4 仿照元件 U6 的参数设置方法进行设置，红外对管放置完毕，如图 5-6-4 所示。

图 5-6-4 红外对管放置完毕

将电压比较器电路第 1 部分放置在元件 U6 和元件 U7 下侧，如图 5-6-5 所示；将电压比较器电路第 2 部分放置在电压比较器电路第 1 部分的右侧，如图 5-6-6 所示；将电压比较器电路第 3 部分放置在电压比较器电路第 2 部分的右侧，如图 5-6-7 所示。

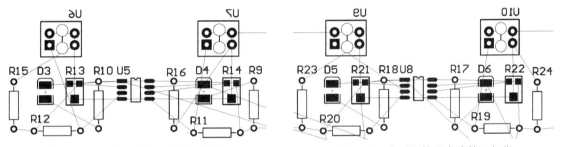

图 5-6-5 电压比较器电路第 1 部分　　　　　图 5-6-6 电压比较器电路第 2 部分

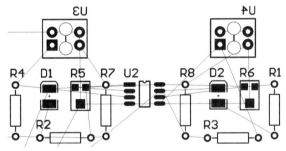

图 5-6-7 电压比较器电路第 3 部分

将电源电路（见图 5-6-8）放置在电压比较器电路下侧；元件 P2 放置在 PCB 的边缘，方便插拔。

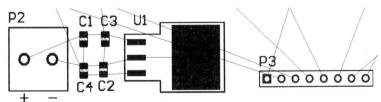

图 5-6-8 电源电路

对整体布局再进行微调，适当调节元件间距，使元件可以沿某方向对齐，整体布局如图 5-6-9 所示。适当规划版型并放置 4 个过孔，方便安装。对过孔的大小和位置并无特殊要求，合理即可。过孔放置完毕后，元件布局如图 5-6-10 所示，三维视图如图 5-6-11 所示。

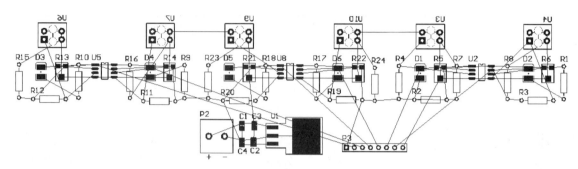

图 5-6-9　整体布局

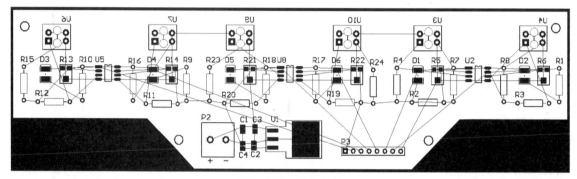

图 5-6-10　元件布局

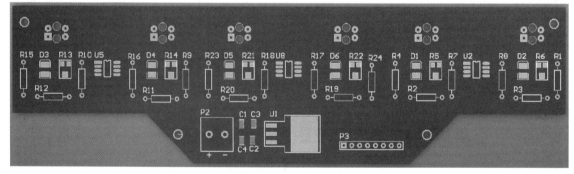

图 5-6-11　三维视图

5.6.2　布线

执行"设计"→"规则"命令,弹出"PCB 规则及约束编辑器"对话框,对布线规则进行设置,设置方法参考 2.4.2 节。本节将信号线线宽设置为"10mil",电源线线宽设置为"20mil"。

完成布线规则设置后,执行"自动布线"→"全部"命令,弹出"Situs 布线策略"对话框。单击"Route All"按钮,等待一段时间后,自动布线会自动停止。顶层布线如图 5-6-12 所示;底层布线如图 5-6-13 所示。

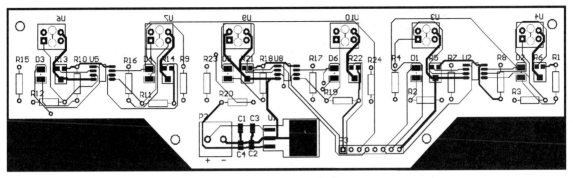

图 5-6-12　顶层布线

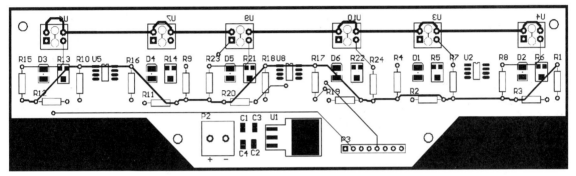

图 5-6-13　底层布线

📎 小提示
◎ 扫描右侧二维码可观看循迹传感器电路自动布线视频。
◎ 因为元件布局不同，所以自动布线的结果也不同。

执行"报告"→"板子信息"命令，弹出"PCB 信息"对话框。单击"报告"按钮，弹出"板报告"对话框，勾选"Routing Information"复选框。单击"报告"按钮，弹出如图 5-6-14 所示的布线信息，可见所有飞线均布通。

Routing

Routing Information

Routing completion	100.00%
Connections	103
Connections routed	103
Connections remaining	0

图 5-6-14　布线信息

本章实例将采用手动布线的方式进行布线，只需要连接信号线和电源线，地线在敷铜时统一连接。

执行"工具"→"取消布线"→"全部"命令，取消并删除 PCB 中所有布线。执行"放置"→"交互式布线"命令，为电源电路手动布线，电源电路底层布线如图 5-6-15 所示，电源电路顶层布线如图 5-6-16 所示。

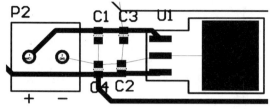

图 5-6-15　电源电路底层布线　　　　　图 5-6-16　电源电路顶层布线

执行"放置"→"交互式布线"命令，为元件 U5 相关电路手动布线，元件 U5 相关电路底层布线如图 5-6-17 所示，元件 U5 相关电路顶层布线如图 5-6-18 所示。

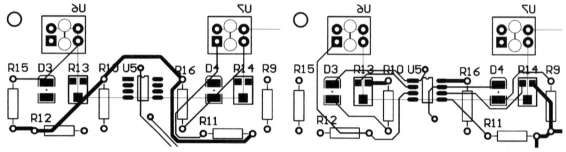

图 5-6-17　元件 U5 相关电路底层布线　　　　　图 5-6-18　元件 U5 相关电路顶层布线

执行"放置"→"交互式布线"命令，为元件 U8 相关电路手动布线，元件 U8 相关电路底层布线如图 5-6-19 所示，元件 U8 相关电路顶层布线如图 5-6-20 所示。

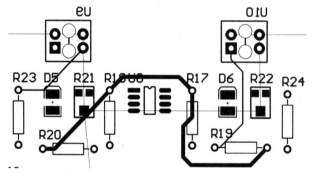

图 5-6-19　元件 U8 相关电路底层布线

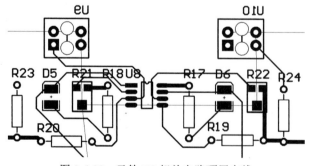

图 5-6-20　元件 U8 相关电路顶层布线

执行"放置"→"交互式布线"命令，为元件 U2 相关电路手动布线，元件 U2 相关电路底层布线如图 5-6-21 所示，元件 U2 相关电路顶层布线如图 5-6-22 所示。

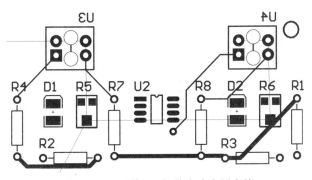

图 5-6-21 元件 U2 相关电路底层布线

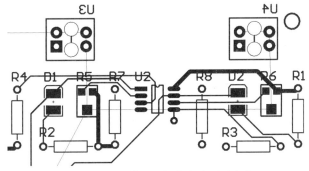

图 5-6-22 元件 U2 相关电路顶层布线

至此，整体布线完毕。为了方便布线，可以适当调节布线，也可以适当调整元件的位置和方向。手动布线完毕后，切换至"Top Layer"层，顶层布线如图 5-6-23 所示；切换至"Bottom Layer"层，底层布线如图 5-6-24 所示。

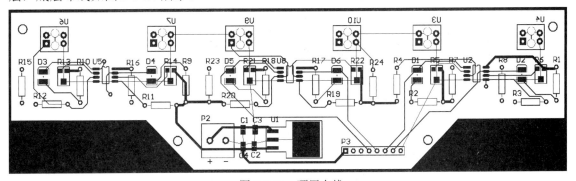

图 5-6-23 顶层布线

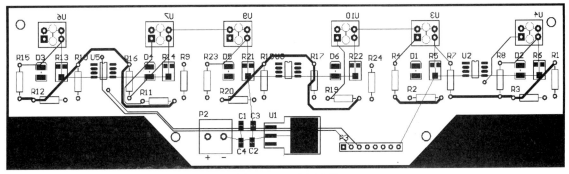

图 5-6-24 底层布线

执行“工具”→“设计规则检查”命令，弹出“设计规则检测”对话框。单击“运行 DRC”按钮，弹出“Messages”对话框，如图 5-6-25 所示，焊盘间距较小的警告信息可忽略；丝印与焊盘间距较小的警告信息可忽略；未连接的引脚均属于“GND”网络的警告信息可忽略。

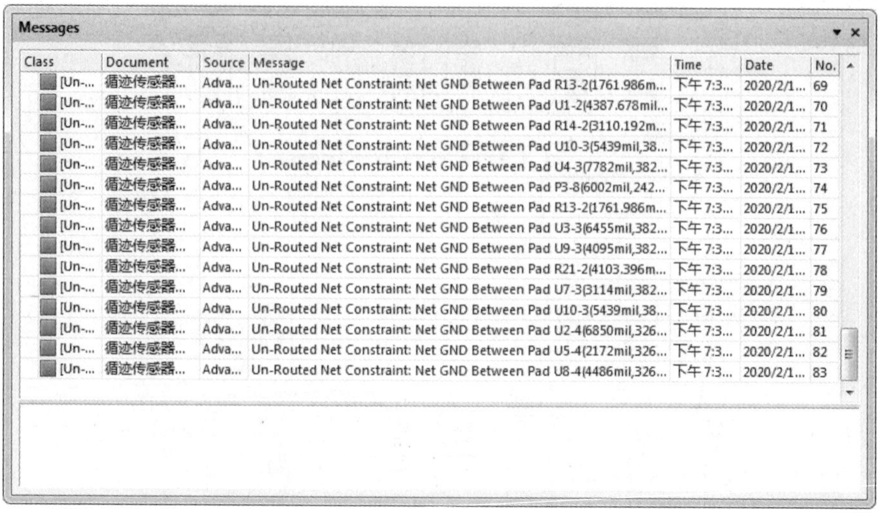
Messages

Class	Document	Source	Message	Time	Date	No.
[Un-...	循迹传感器...	Adva...	Un-Routed Net Constraint: Net GND Between Pad R13-2(1761.986m...	下午 7:3...	2020/2/1...	69
[Un-...	循迹传感器...	Adva...	Un-Routed Net Constraint: Net GND Between Pad U1-2(4387.678mil...	下午 7:3...	2020/2/1...	70
[Un-...	循迹传感器...	Adva...	Un-Routed Net Constraint: Net GND Between Pad R14-2(3110.192m...	下午 7:3...	2020/2/1...	71
[Un-...	循迹传感器...	Adva...	Un-Routed Net Constraint: Net GND Between Pad U10-3(5439mil,38...	下午 7:3...	2020/2/1...	72
[Un-...	循迹传感器...	Adva...	Un-Routed Net Constraint: Net GND Between Pad U4-3(7782mil,382...	下午 7:3...	2020/2/1...	73
[Un-...	循迹传感器...	Adva...	Un-Routed Net Constraint: Net GND Between Pad P3-8(6002mil,242...	下午 7:3...	2020/2/1...	74
[Un-...	循迹传感器...	Adva...	Un-Routed Net Constraint: Net GND Between Pad R13-2(1761.986m...	下午 7:3...	2020/2/1...	75
[Un-...	循迹传感器...	Adva...	Un-Routed Net Constraint: Net GND Between Pad U3-3(6455mil,382...	下午 7:3...	2020/2/1...	76
[Un-...	循迹传感器...	Adva...	Un-Routed Net Constraint: Net GND Between Pad U9-3(4095mil,382...	下午 7:3...	2020/2/1...	77
[Un-...	循迹传感器...	Adva...	Un-Routed Net Constraint: Net GND Between Pad R21-2(4103.396m...	下午 7:3...	2020/2/1...	78
[Un-...	循迹传感器...	Adva...	Un-Routed Net Constraint: Net GND Between Pad U7-3(3114mil,382...	下午 7:3...	2020/2/1...	79
[Un-...	循迹传感器...	Adva...	Un-Routed Net Constraint: Net GND Between Pad U10-3(5439mil,38...	下午 7:3...	2020/2/1...	80
[Un-...	循迹传感器...	Adva...	Un-Routed Net Constraint: Net GND Between Pad U2-4(6850mil,326...	下午 7:3...	2020/2/1...	81
[Un-...	循迹传感器...	Adva...	Un-Routed Net Constraint: Net GND Between Pad U5-4(2172mil,326...	下午 7:3...	2020/2/1...	82
[Un-...	循迹传感器...	Adva...	Un-Routed Net Constraint: Net GND Between Pad U8-4(4486mil,326...	下午 7:3...	2020/2/1...	83

图 5-6-25　“Messages”对话框

5.6.3　敷铜

本节为“GND”网络敷铜。执行“放置”→“多边形敷铜”命令，弹出“多边形敷铜”对话框，“层”选择“Bottom Layer”，“链接到网络”选择“GND”，底层敷铜参数如图 5-6-26 所示。单击“确定”按钮，即可绘制铜皮形状，底层铜皮形状如图 5-6-27 所示。

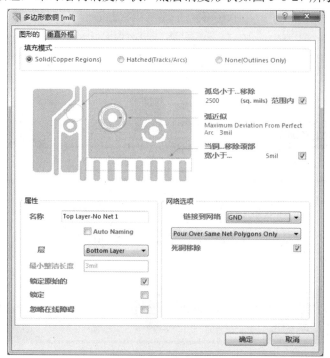

图 5-6-26　底层敷铜参数

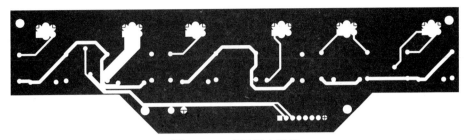

图 5-6-27　底层铜皮形状

执行"放置"→"多边形敷铜"命令,弹出"多边形敷铜"对话框,"层"选择"Top Layer","链接到网络"选择"GND",顶层敷铜参数如图 5-6-28 所示。单击"确定"按钮,即可绘制铜皮形状,顶层铜皮形状如图 5-6-29 所示。

图 5-6-28　顶层敷铜参数

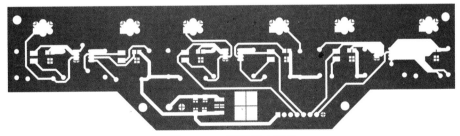

图 5-6-29　顶层铜皮形状

执行"报告"→"板子信息"命令,弹出"PCB 信息"对话框。单击"报告"按钮,弹出"板报告"对话框,勾选"Routing Information"复选框。单击"报告"按钮,弹出如图 5-6-30 所示的布线信息,可见所有飞线均布通。

执行"放置"→"过孔"命令,在敷铜区域放置一定数量的过孔。过孔放置完毕后,循迹传感器电路 PCB 敷铜完毕。循迹传感器电路 PCB 顶层效果如图 5-6-31 所示,循迹传感器电路

PCB 底层效果如图 5-6-32 所示，循迹传感器电路 PCB 三维视图效果如图 5-6-33 所示。

图 5-6-30 布线信息

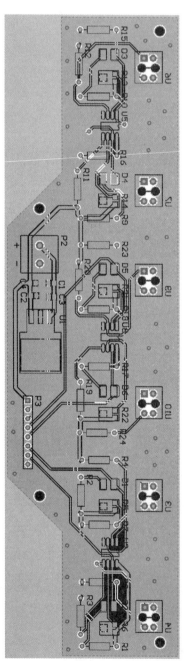

图 5-6-31 循迹传感器电路 PCB 顶层效果

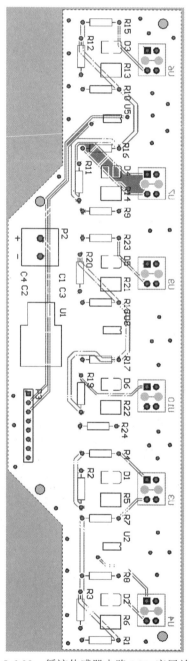

图 5-6-32 循迹传感器电路 PCB 底层效果

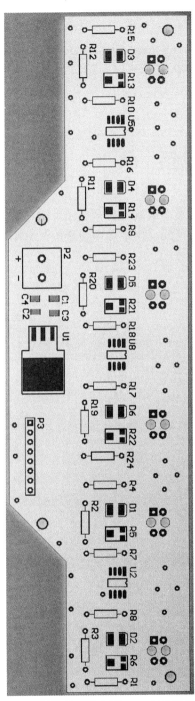

图 5-6-33 循迹传感器电路 PCB 三维视图效果

第 6 章 避障机器人 PCB 设计实例

6.1 整体设计思路

避障机器人电路包括单片机最小系统电路、电源电路、超声波传感器电路、光电传感器电路、独立按键电路、电动机驱动电路、指示灯电路和舵机电路等。避障机器人硬件系统框图如图 6-1-1 所示。

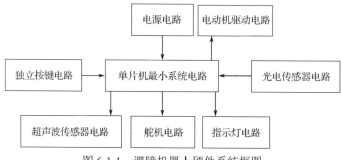

图 6-1-1 避障机器人硬件系统框图

单片机最小系统电路的主控芯片可以选择 STM32F 系列单片机。STM32F 系列单片机属于中低端的 32 位 ARM 微控制器，该系列芯片是意法半导体（ST）公司出品的，其内核是 Cortex-M3。根据片内 Flash 的大小该系列芯片可分为 3 类：小容量（16KB 和 32KB）、中容量（64KB 和 128KB）、大容量（256KB、384KB 和 512KB）。芯片集成了定时器 Timer、CAN、ADC、SPI、I2C、USB、UART 等多种外设功能。

电源电路需要提供 5V 电源网络、多路 3.3V 电源网络和直流电动机电源网络，主要元件可以选用 LM317、REF3033、LM7805 和 AMS1117。

独立按键电路主要由独立按键组成，用于切换模式。

指示灯电路主要由 LED 组成，LED 用于指示各部分电路的状态。

舵机电路主要由接插件排针组成，排针与舵机的信号线、电源线和地线相连。

超声波传感器电路主要由接插件排针组成，排针与超声波的信号线相连。

光电传感器电路主要由红外对管和电压比较器 LM393 组成，用于识别障碍物。

电动机驱动电路主要由 DRV8870 芯片组成，并且可以根据 PWM 信号对直流电动机进行调速。

本实例中涉及的元件尽量选择贴片式封装，Altium Designer 中的元件库没有包含本实例需要使用的所有元件，因此需要自行绘制所需元件的原理图库和 PCB 元件库。

新建避障机器人 PCB 设计工程项目。执行"开始"→"所有程序"→"Altium"命令，启动 Altium Designer。由于操作系统不同，所以快捷方式的位置可能会略有变化。

执行"文件"→"New"→"Project"命令，弹出"New Project"对话框，在"Project Types"列表框中选择"PCB Project"选项，在"Project Templates"列表框中选择"<Default>"选项，

在"Name"文本框中输入"避障机器人",将"Location"设置为"E:\机器人\机器人 PCB\project\6"。单击"New Project"对话框中的"OK"按钮,完成新建工程项目,"Projects"窗格中出现"避障机器人.PrjPcb"选项,如图 6-1-2 所示。

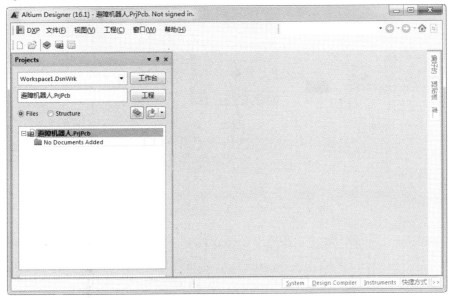

图 6-1-2 完成新建工程项目

6.2 元件库绘制

6.2.1 STM32F103 单片机元件库

执行"文件"→"New"→"Library"→"原理图库"命令,将新创建的原理图库保存并命名为"STM32F103.SchLib"。在绘制 STM32F103 单片机原理图库时,需要根据 STM32F103 单片机的各引脚进行编辑。STM32F103 单片机引脚示意图如图 6-2-1 所示。

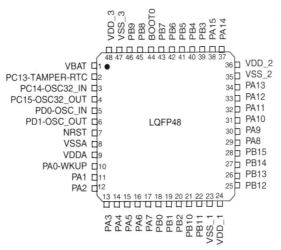

图 6-2-1 STM32F103 单片机引脚示意图

执行"放置"→"矩形"命令,并按下 Tab 键,弹出"长方形"对话框,其参数设置如图 6-2-2 所示,单击"确定"按钮,即可将矩形放置在图纸上。

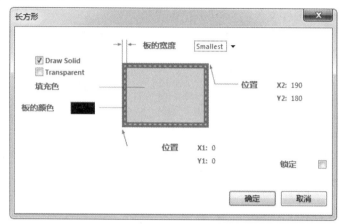

图 6-2-2 "长方形"对话框的参数设置

执行"放置"→"引脚"命令,在矩形左侧放置 12 个引脚。由上向下依次将引脚标识修改为"1"、"2"、"3"、"4"、"5"、"6"、"7"、"8"、"9"、"10"、"11"、和"12"。由上向下依次将引脚名称修改为"VBAT"、"PC13"、"PC14"、"PC15"、"PD0"、"PD1"、"NRST"、"VSSA"、"VDDA"、"PA0"、"PA1"和"PA2"。

执行"放置"→"引脚"命令,在矩形下方放置 12 个引脚。由左向右依次将引脚标识修改为"13"、"14"、"15"、"16"、"17"、"18"、"19"、"20"、"21"、"22"、"23"和"24"。由左向右依次将引脚名称修改为"PA3"、"PA4"、"PA5"、"PA6"、"PA7"、"PB0"、"PB1"、"PB2"、"PB10"、"PB11"、"VSS_1"和"VDD_1"。

执行"放置"→"引脚"命令,在矩形右侧放置 12 个引脚。由下向上依次将引脚标识修改为"25"、"26"、"27"、"28"、"29"、"30"、"31"、"32"、"33"、"34"、"35"、和"36"。由下向上依次将引脚名称修改为"PB12"、"PB13"、"PB14"、"PB15"、"PA8"、"PA9"、"PA10"、"PA11"、"PA12"、"PA13"、"VSS_2"和"VDD_2"。

执行"放置"→"引脚"命令,在矩形上方放置 12 个引脚。由右向左依次将引脚标识修改为"37"、"38"、"39"、"40"、"41"、"42"、"43"、"44"、"45"、"46"、"47"和"48"。由右向左依次将引脚名称修改为"PA14"、"PA15"、"PB3"、"PB4"、"PB5"、"PB6"、"PB7"、"BOOT0"、"PB8"、"PB9"、"VSS_3"和"VDD_3"。引脚放置完毕,如图 6-2-3 所示。

执行"工具"→"重新命名器件"命令,弹出"Rename Component"对话框,将新创建的原理图库命名为"STM32F103",单击"确定"按钮,即可完成重命名。

单击"SCH Library"窗格中器件栏的"编辑"按钮,弹出"Library Component Properties"对话框,将"Default Designator"设置为"U?","Default Comment"设置为"STM32F103",单击"OK"按钮,即可完成 STM32F103 单片机原理图库的设置。

至此,STM32F103 单片机原理图库绘制完毕,如图 6-2-4 所示。

小提示

◎ 将 STM32F103 单片机原理图库放置在原理图图纸上才会出现"U?"和"STM32F103"。

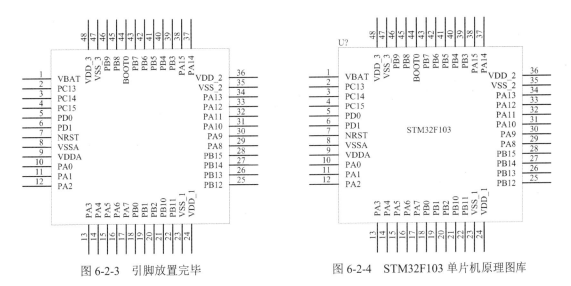

图 6-2-3 引脚放置完毕　　　　　　图 6-2-4 STM32F103 单片机原理图库

执行 "文件" → "New" → "Library" → "PCB 元件库" 命令，将新创建的 PCB 元件库保存并命名为 "STM32F103.PcbLib"。在绘制 STM32F103 单片机 PCB 元件库时，需要根据 STM32F103 单片机封装尺寸进行绘制。STM32F103 单片机封装尺寸图如图 6-2-5 所示。

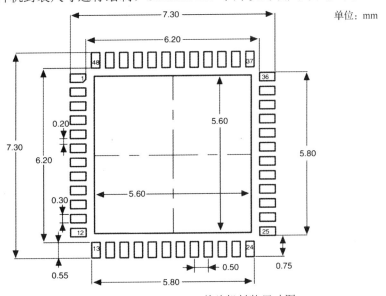

图 6-2-5 STM32F103 单片机封装尺寸图

执行 "工具" → "元器件向导" 命令，弹出 "Component Wizard" 对话框，表示 PCB 器件向导已经启动。单击 "Component Wizard" 对话框中的 "一步" 按钮，弹出 "器件图案" 界面，选择 "Quad Packs(QUAD)"，将单位设置为 "mil"，如图 6-2-6 所示。

单击 "Component Wizard" 对话框中的 "一步" 按钮，弹出 "Define the pads dimensions"（定义焊盘尺寸）界面，将长度设置为 "70mil"，高度设置为 "11mil"，如图 6-2-7 所示。

单击 "元件向导" 对话框中的 "一步" 按钮，弹出 "定义焊盘外形" 界面，将第一焊盘的外形设置为 "Rectangular"，其余焊盘的外形设置为 "Round"，如图 6-2-8 所示。

单击 "元件向导" 对话框中的 "一步" 按钮，弹出 "Define the outline width"（定义外框宽度）界面，将外框宽度设置为 "10mil"，如图 6-2-9 所示。

图 6-2-6 "器件图案"界面

图 6-2-7 定义焊盘尺寸界面

图 6-2-8 "定义焊盘外形"界面

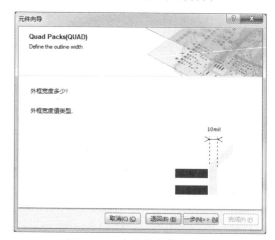

图 6-2-9 定义外框宽度界面

单击"元件向导"对话框中的"一步"按钮,弹出"Define the pads layout"(定义焊盘间距)界面,将相邻焊盘的间距设置为"20mil",其他间距设置为"51mil",如图 6-2-10 所示。

单击"元件向导"对话框中的"一步"按钮,弹出"Set the pads naming style"(定义焊盘放置顺序)界面,其参数设置,如图 6-2-11 所示。

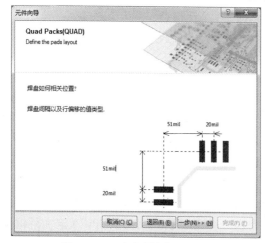

图 6-2-10 定义焊盘间距界面

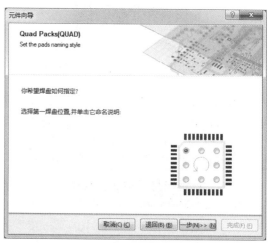

图 6-2-11 定义焊盘放置顺序界面

单击"元件向导"对话框中的"一步"按钮,弹出"设置焊盘数"界面,将 X 方向的焊盘数目设置为"12",Y 方向的焊盘数目设置为"12",如图 6-2-12 所示。

单击"元件向导"对话框中的"一步"按钮,弹出"Set the component name"(元件命名)界面,将元件命名为"Quad48",如图 6-2-13 所示。

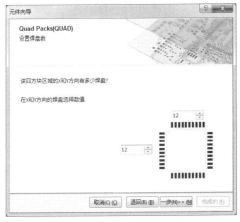

图 6-2-12 "设置焊盘数"界面

图 6-2-13 元件命名界面

单击"元件向导"对话框中的"一步"按钮,弹出完成任务界面。单击"元件向导"对话框中的"完成"按钮,即可将绘制出的元件放置在图纸上,STM32F103 单片机 PCB 元件库如图 6-2-14 所示。

需要将 STM32F103 单片机 PCB 元件库中的 Quad48 封装加载到 STM32F103 单片机原理图库中,可参考 2.2.1 节所述方法。当"SCH Library"窗格如图 6-2-15 所示时,证明封装已经加载完毕。

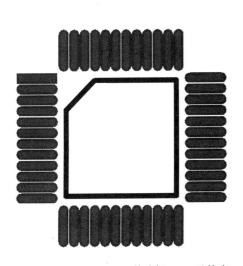

图 6-2-14 STM32F103 单片机 PCB 元件库

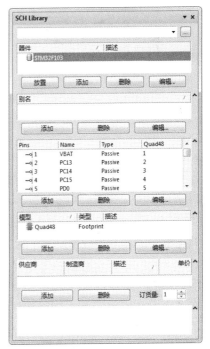

图 6-2-15 "SCH Library"窗格

至此,STM32F103 单片机 PCB 元件库绘制完毕。

6.2.2 DRV8870 元件库

执行"文件"→"New"→"Library"→"原理图库"命令,将新创建的原理图库保存并命名为"DRV8870.SchLib"。在绘制 DRV8870 原理图库时,需要查看 DRV8870 数据手册。DRV8870 引脚示意图如图 6-2-16 所示。

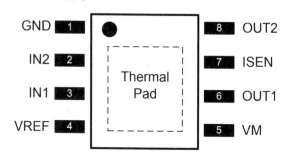

图 6-2-16　DRV8870 引脚示意图

执行"放置"→"矩形"命令,并按下 Tab 键,弹出"长方形"对话框,其参数设置如图 6-2-17 所示,单击"确定"按钮,即可将矩形放置在图纸上。

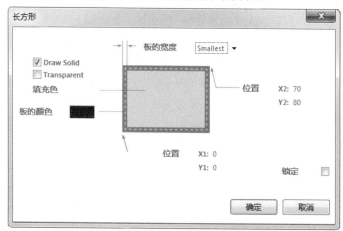

图 6-2-17　"长方形"对话框的参数设置

执行"放置"→"引脚"命令,在矩形左侧放置 4 个引脚。由上向下依次将引脚标识修改为"1"、"2"、"3"和"4"。由上向下依次将引脚名称修改为"GND"、"IN2"、"IN1"和"VREF"。

执行"放置"→"引脚"命令,在矩形右侧放置 4 个引脚。由下向上依次将引脚标识修改为"5"、"6"、"7"和"8"。由下向上依次将引脚名称修改为"VM"、"OUT1"、"ISEN"和"OUT2"。引脚放置完毕,如图 6-2-18 所示。

执行"工具"→"重新命名器件"命令,弹出"Rename Component"对话框,将新创建的原理图库命名为"DRV8870",单击"确定"按钮,即可完成重命名。

单击"SCH Library"窗格中器件栏的"编辑"按钮,弹出"Library Component Properties"对话框,将"Default Designator"设置为"U?","Default Comment"设置为"DRV8870",单击"OK"按钮,即可完成 DRV8870 原理图库的设置。

至此,DRV8870 原理图库绘制完毕,如图 6-2-19 所示。

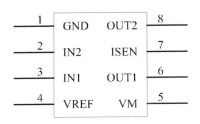
图 6-2-18　引脚放置完毕

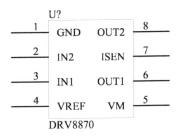
图 6-2-19　DRV8870 原理图库

🗂 小提示
◎ 将 DRV8870 原理图库放置在原理图图纸上才会出现 "U?" 和 "DRV8870"。

执行 "文件" → "New" → "Library" → "PCB 元件库" 命令，将新创建的 PCB 元件库保存并命名为 "DRV8870.PcbLib"。在绘制 DRV8870 PCB 元件库时，需要根据 DRV8870 封装尺寸进行绘制。DRV8870 封装尺寸图如图 6-2-20 所示。

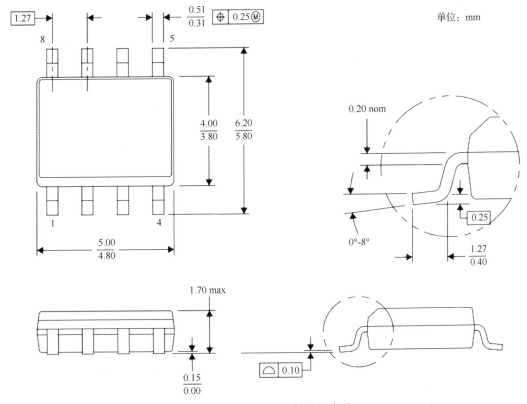
图 6-2-20　DRV8870 封装尺寸图

执行 "工具" → "元器件向导" 命令，弹出 "Component Wizard" 对话框，表示 PCB 器件向导已经启动。单击 "Component Wizard" 对话框中的 "一步" 按钮，弹出 "器件图案" 界面，选择 "Small Outline Packages(SOP)"，将单位设置为 "mil"，如图 6-2-21 所示。

单击 "Component Wizard" 对话框中的 "一步" 按钮，弹出 "定义焊盘尺寸" 界面，将长度设置为 "85mil"，高度设置为 "20mil"，如图 6-2-22 所示。

图 6-2-21 "器件图案"界面

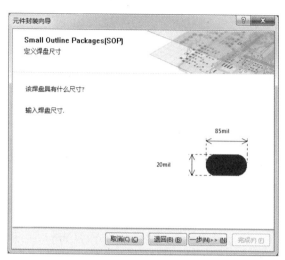

图 6-2-22 "定义焊盘尺寸"界面

单击"元件封装向导"对话框中的"一步"按钮，弹出"定义焊盘布局"界面，将相邻焊盘的横向间距设置为"237mil"，纵向间距设置为"50mil"，如图 6-2-23 所示。

单击"元件封装向导"对话框中的"一步"按钮，弹出"定义外框宽度"界面，将外框宽度设置为"10mil"，如图 6-2-24 所示。

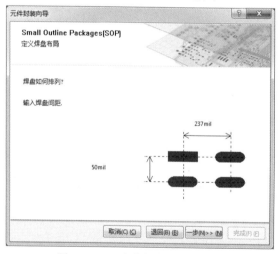

图 6-2-23 "定义焊盘布局"界面

图 6-2-24 "定义外框宽度"界面

单击"元件封装向导"对话框中的"一步"按钮，弹出"设定焊盘数量"界面，将焊盘总数设置为"8"，如图 6-2-25 所示。

单击"元件封装向导"对话框中的"一步"按钮，弹出"设定封装名称"界面，将元件命名为"SOP8"，如图 6-2-26 所示。

单击"元件封装向导"对话框中的"一步"按钮，弹出完成任务界面。单击"元件封装向导"对话框中的"完成"按钮，即可将绘制出的元件库放置在图纸上，DRV8870 PCB 元件库如图 6-2-27 所示。

需要将 DRV8870 PCB 元件库中的 SOP8 封装加载到 DRV8870 原理图库中，可参考 2.2.1 节所述方法。当"SCH Library"窗格如图 6-2-28 所示时，证明封装已经加载完毕。

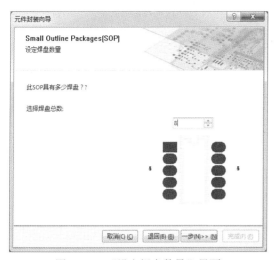

图 6-2-25 "设定焊盘数量"界面

图 6-2-26 "设定封装名称"界面

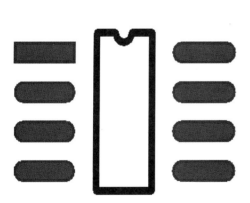

图 6-2-27 DRV8870 PCB 元件库

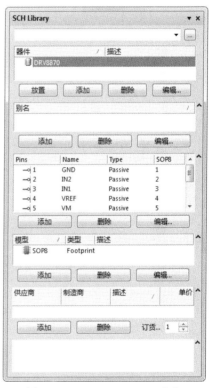

图 6-2-28 "SCH Library"窗格

至此，DRV8870 元件库绘制完毕。

6.2.3 REF3033 元件库

执行"文件"→"New"→"Library"→"原理图库"命令，将新创建的原理图库保存并命名为"REF3033.SchLib"。在绘制 REF3033 原理图库时，需要查看 REF3033 数据手册。REF3033 引脚示意图如图 6-2-29 所示。

执行"放置"→"矩形"命令，并按下 Tab 键，弹出"长方形"对话框，其参数设置如图 6-2-30

所示，单击"确定"按钮，即可将矩形放置在图纸上。

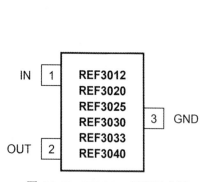

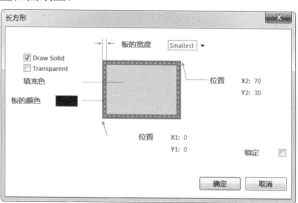

图 6-2-29　REF3033 引脚示意图　　　　图 6-2-30　"长方形"对话框的参数设置

执行"放置"→"引脚"命令，并按下 Tab 键，弹出"管脚属性"对话框，将"显示名字"设置为"IN"，"标识"设置为"1"，如图 6-2-31 所示，单击"确定"按钮，即可完成引脚 1 的属性设置，并将其放置在矩形的左侧。

图 6-2-31　引脚 1 的"管脚属性"对话框

执行"放置"→"引脚"命令，并按下 Tab 键，弹出"管脚属性"对话框，将"显示名字"设置为"OUT"，"标识"设置为"2"，如图 6-2-32 所示，单击"确定"按钮，即可完成引脚 2 的属性设置，并将其放置在矩形的右侧。

执行"放置"→"引脚"命令，并按下 Tab 键，弹出"管脚属性"对话框，将"显示名字"设置为"GND"，"标识"设置为"3"，如图 6-2-33 所示，单击"确定"按钮，即可完成引脚 3

的属性设置,并将其放置在矩形的下方。引脚放置完毕,如图 6-2-34 所示。

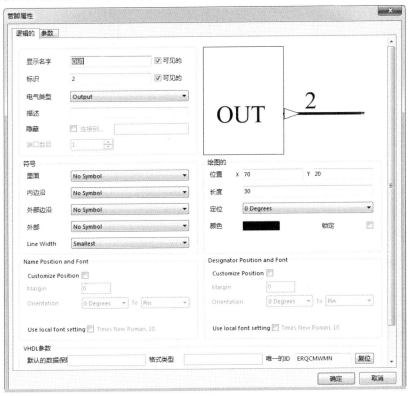

图 6-2-32 引脚 2 的 "管脚属性" 对话框

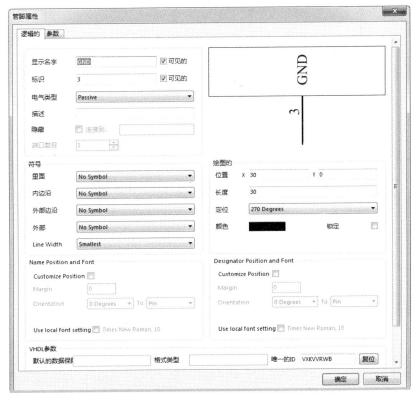

图 6-2-33 引脚 3 的 "管脚属性" 对话框

图 6-2-34 引脚放置完毕

执行"工具"→"重新命名器件"命令,弹出"Rename Component"对话框,将新创建的原理图库命名为"REF3033",单击"确定"按钮,即可完成重命名。

单击"SCH Library"窗格中器件栏的"编辑"按钮,弹出"Library Component Properties"对话框,将"Default Designator"设置为"U?","Default Comment"设置为"REF3033",单击"OK"按钮,即可完成 REF3033 原理图库的设置。

至此,REF3033 原理图库绘制完毕,如图 6-2-35 所示。

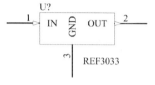

图 6-2-35 REF3033 原理图库

🔔 小提示

◎ 将 REF3033 原理图库放置在原理图图纸上才会出现"U?"和"REF3033"。

执行"文件"→"New"→"Library"→"PCB 元件库"命令,将新创建的 PCB 元件库保存并命名为"REF3033.PcbLib"。在绘制 REF3033 PCB 元件库时,需要根据 REF3033 封装尺寸进行绘制。REF3033 封装尺寸图如图 6-2-36 所示。

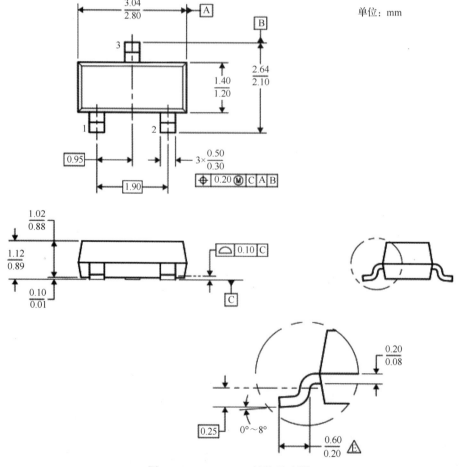

图 6-2-36 REF3033 封装尺寸图

执行"放置"→"焊盘"命令,并按下 Tab 键,弹出"焊盘"对话框。将"位置"选区中的"X"设置为"0mil","Y"设置为"0mil","旋转"设置为"0.000";将"属性"选区中的"标识"设置为"3","层"设置为"Top Layer";将"尺寸和外形"选区中的"X-Size"设置为"28mil","Y-Size"设置为"50mil","外形"设置为"Rectangular",如图 6-2-37 所示。

图 6-2-37 焊盘 3

执行"放置"→"焊盘"命令,并按下 Tab 键,弹出"焊盘"对话框。将"位置"选区中的"X"设置为"-37.4mil","Y"设置为"-100mil","旋转"设置为"0.000";将"属性"选区中的"标识"设置为"1","层"设置为"Top Layer";将"尺寸和外形"选区中的"X-Size"设置为"28mil","Y-Size"设置为"50mil","外形"设置为"Rectangular",如图 6-2-38 所示。

执行"放置"→"焊盘"命令,并按下 Tab 键,弹出"焊盘"对话框。将"位置"选区中的"X"设置为"37.4mil","Y"设置为"-100mil","旋转"设置为"0.000";将"属性"选区中的"标识"设置为"2","层"设置为"Top Layer";将"尺寸和外形"中的"X-Size"设置为"28mil","Y-Size"设置为"50mil","外形"设置为"Rectangular",如图 6-2-39 所示。

切换至"Top Overlay"图层,执行"放置"→"走线"命令,放置 5 条横线和 2 条竖线。双击第 1 条竖线,其参数设置如图 6-2-40 所示。双击第 2 条竖线,其参数设置如图 6-2-41 所示。双击第 1 条横线,其参数设置如图 6-2-42 所示。双击第 2 条横线,其参数设置如图 6-2-43 所示。双击第 3 条横线,其参数设置如图 6-2-44 所示。双击第 4 条横线,其参数设置如图 6-2-45 所示。双击第 5 条横线,其参数设置如图 6-2-46 所示。至此,REF3033 PCB 元件库绘制完毕,如图 6-2-47 所示。

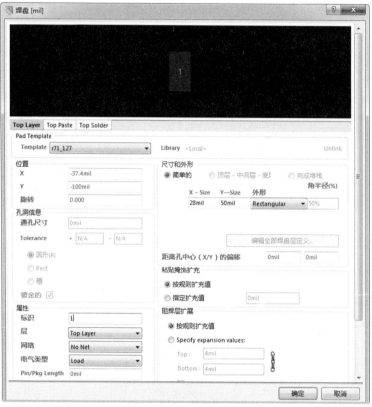

图 6-2-38　焊盘 1

图 6-2-39　焊盘 2

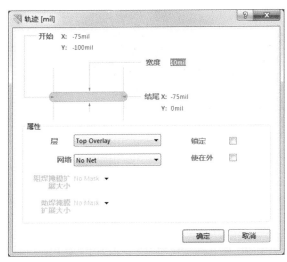
图 6-2-40　第 1 条竖线的参数设置

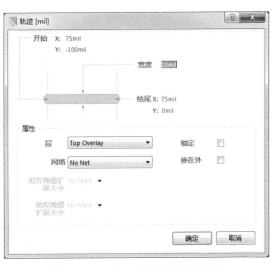
图 6-2-41　第 2 条竖线的参数设置

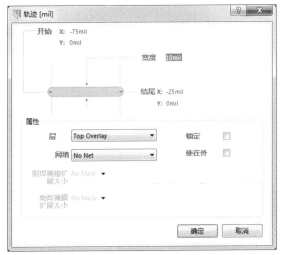
图 6-2-42　第 1 条横线的参数设置

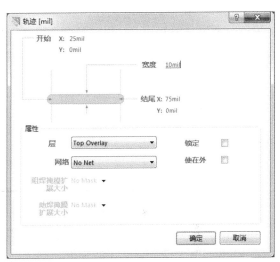
图 6-2-43　第 2 条横线的参数设置

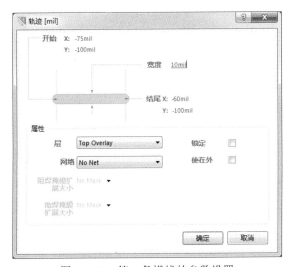
图 6-2-44　第 3 条横线的参数设置

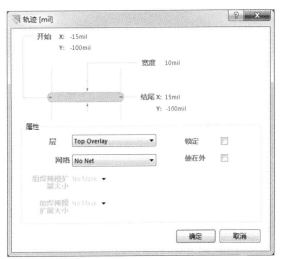
图 6-2-45　第 4 条横线的参数设置

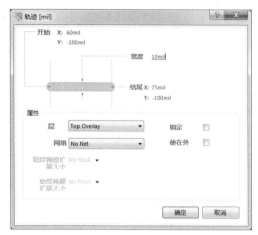

图 6-2-46　第 5 条横线的参数设置

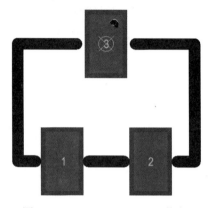

图 6-2-47　REF3033 PCB 元件库

单击"PCB Library"窗格中的"PCBCOMPONENT_1"选项,弹出"PCB 库元件"对话框,将"名称"设置为"G3",单击"确定"按钮,即可完成名称设置。

需要将 REF3033 PCB 元件库中的 G3 封装加载到 REF3033 原理图库中,可参考 2.2.1 节所述方法。当"SCH Library"窗格如图 6-2-48 所示时,证明封装已经加载完毕。

图 6-2-48　"SCH Library"窗格

6.2.4　AMS1117 元件库

执行"文件"→"New"→"Library"→"原理图库"命令,将新创建的原理图库保存并命名为"AMS1117 .SchLib"。在绘制 AMS1117 原理图库时,需要查看 AMS1117 数据手册。

AMS1117 引脚示意图如图 6-2-49 所示。

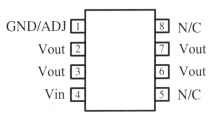

图 6-2-49　AMS1117 引脚示意图

执行"放置"→"矩形"命令，并按下 Tab 键，弹出"长方形"对话框，其参数设置如图 6-2-50 所示，单击"确定"按钮，即可将矩形放置在图纸上。

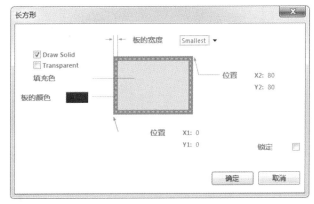

图 6-2-50　"长方形"对话框的参数设置

执行"放置"→"引脚"命令，在矩形左侧放置 4 个引脚。由上向下依次将引脚标识修改为"1"、"2"、"3"和"4"。由上向下依次将引脚名称修改为"GND"、"Vout"、"Vout"和"Vin"。

执行"放置"→"引脚"命令，在矩形右侧放置 4 个引脚。由下向上依次将引脚标识修改为"5"、"6"、"7"和"8"。由下向上依次将引脚名称修改为"N/C"、"Vout"、"Vout"和"N/C"。引脚放置完毕如图 6-2-51 所示。

执行"工具"→"重新命名器件"命令，弹出"Rename Component"对话框，将新创建的原理图库命名为"AMS1117"，单击"确定"按钮，即可完成重命名。

单击"SCH Library"窗格中器件栏的"编辑"按钮，弹出"Library Component Properties"对话框，将"Default Designator"设置为"U?"，"Default Comment"设置为"AMS1117"，单击"OK"按钮，即可完成 AMS1117 原理图库的设置。

至此，AMS1117 原理图库绘制完毕，如图 6-2-52 所示。

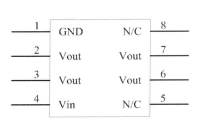

图 6-2-51　引脚放置完毕

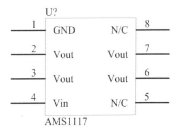

图 6-2-52　AMS1117 原理图库

📎 **小提示**

◎ 将 AMS1117 原理图库放置在原理图图纸上才会出现 "U?" 和 "AMS1117"。

执行"文件"→"New"→"Library"→"PCB 元件库"命令，将新创建的 PCB 元件库保存并命名为"AMS1117.PcbLib"。在绘制 AMS1117 PCB 元件库时，需要根据 AMS1117 封装尺寸进行绘制。AMS1117 封装尺寸图如图 6-2-53 所示。

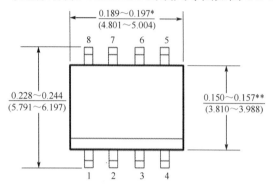
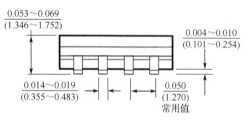
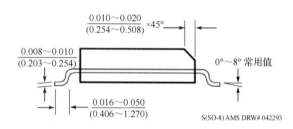

图 6-2-53　AMS1117 封装尺寸图

执行"工具"→"元器件向导"命令，弹出"Component Wizard"对话框，表示 PCB 器件向导已经启动。单击"Component Wizard"对话框中的"一步"按钮，弹出"器件图案"界面，选择"Small Outline Packages(SOP)"选项，将单位设置为"mil"，如图 6-2-54 所示。

单击"Component Wizard"对话框中的"一步"按钮，弹出"定义焊盘尺寸"界面，将长度设置为"90mil"，高度设置为"25mil"，如图 6-2-55 所示。

图 6-2-54　器件图案　　　　　　　　　图 6-2-55　"定义焊盘尺寸"界面

单击"元件封装向导"对话框中的"一步"按钮，弹出"定义焊盘布局"界面，将相邻焊盘的横向间距设置为"238mil"，纵向间距设置为"50mil"，如图 6-2-56 所示。

单击"元件封装向导"对话框中的"一步"按钮，弹出"定义外框宽度"界面，将外框宽度设置为"10mil"，如图 6-2-57 所示。

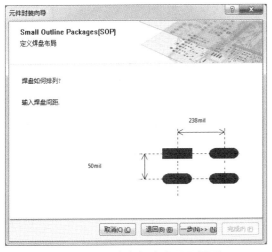

图 6-2-56 "定义焊盘布局"界面

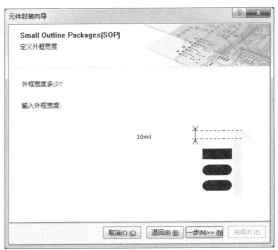

图 6-2-57 "定义外框宽度"界面

单击"元件封装向导"对话框中的"一步"按钮，弹出"设定焊盘数量"界面，将焊盘总数设置为"8"，如图 6-2-58 所示。

单击"元件封装向导"对话框中的"一步"按钮，弹出"设定封装名称"界面，将元件命名为"SOP8"，如图 6-2-59 所示。

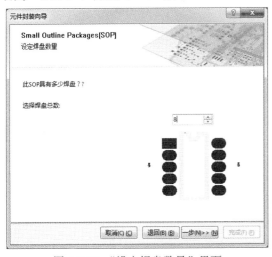

图 6-2-58 "设定焊盘数量"界面

图 6-2-59 "设定封装名称"界面

单击"元件封装向导"对话框中的"一步"按钮，弹出完成任务界面。单击"元件封装向导"对话框中的"完成"按钮，即可将绘制出的元件放置在图纸上，AMS1117 PCB 元件库如图 6-2-60 所示。

需要将 AMS1117 PCB 元件库中的 SOP8 封装加载到 AMS1117 原理图库中，可参考 2.2.1 节所述方法。当"SCH Library"窗格如图 6-2-61 所示时，证明封装已经加载完毕。

至此，AMS1117 PCB 元件库绘制完毕。

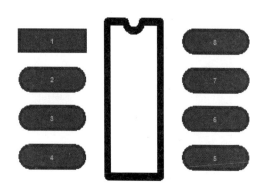

图 6-2-60　AMS1117 PCB 元件库

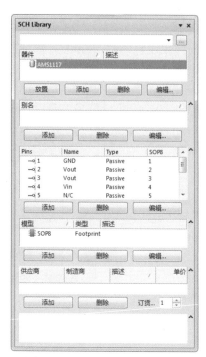

图 6-2-61　"SCH Library"窗格

6.3　原理图绘制

6.3.1　电源电路

执行"文件"→"新建"→"原理图"命令,将新创建的原理图保存并命名为"避障机器人.SchDoc"。

电源电路由 5 部分组成,电源电路第 1 部分如图 6-3-1 所示,主要由接线端子、拨动开关、电解电容、LED 和电阻组成。电源电路的主要功能是控制接入电源的断开或闭合。C12 的封装选择"EC-200";R1 的封装选择"6-0805_N";D1 的封装选择"3.5×2.8×1.9"。

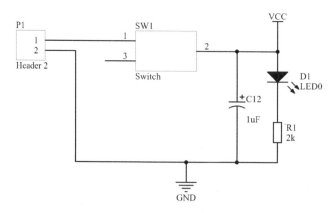

图 6-3-1　电源电路第 1 部分

小提示

◎ 本例中电容的封装类型均选择"C0805"（电容C12除外）。
◎ 本例中电阻的封装类型均选择"6-0805_N"。
◎ 本例中LED的封装类型均选择"3.5×2.8×1.9"。

电源电路第2部分如图6-3-2所示，主要由LM317、电容、二极管和电阻组成。"VCC"电源网络一般由3块锂电池供电，共11.1V。"8V8"电源网络可以为直流电动机供电。

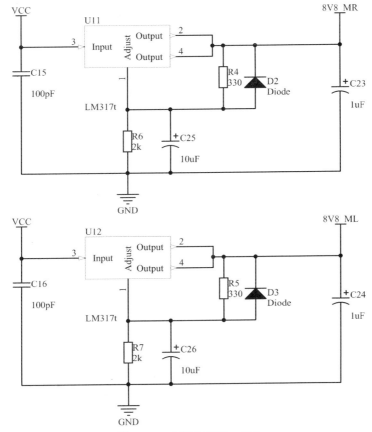

图 6-3-2 电源电路第2部分

电源电路第3部分如图6-3-3所示，主要由LM7805和电容组成。电源电路第3部分主要为参考电压芯片和超声波传感器电路供电。

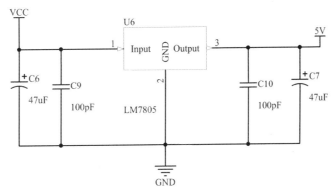

图 6-3-3 电源电路第3部分

电源电路第 4 部分如图 6-3-4 所示，主要由 REF3033 和电容组成。电源电路第 4 部分主要为 STM32F103 提供参考电压。

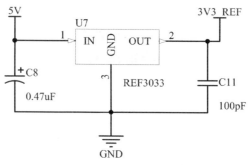

图 6-3-4 电源电路第 4 部分

电源电路第 5 部分如图 6-3-5 所示，主要由 ASM1117 和电容组成。电源电路第 5 部分提供了多路 3.3V 电源网络，为独立按键电路、单片机最小系统电路和电动机驱动电路供电。

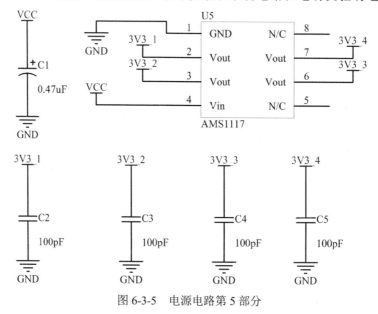

图 6-3-5 电源电路第 5 部分

6.3.2 单片机最小系统电路

单片机最小系统电路第 1 部分如图 6-3-6 所示，主要由 STM32F103 单片机、电容、电感和电阻组成。

单片机最小系统电路第 2 部分如图 6-3-7 所示，主要由独立按键、电容和电阻组成。通过网络标号"RST"与 STM32F103 单片机的 NRST 引脚相连。

单片机最小系统电路第 3 部分如图 6-3-8 所示，主要由电容和晶振组成。元件 Y1 的引脚 2 通过网络标号"PD0"与 STM32F103 单片机的 PD0 引脚相连；元件 Y1 的引脚 1 通过网络标号"PD1"与 STM32F103 单片机的 PD1 引脚相连；元件 Y2 的引脚 2 通过网络标号"PC14"与 STM32F103 单片机的 PC14 引脚相连；元件 Y2 的引脚 1 通过网络标号"PC5"与 STM32F103 单片机的 PC5 引脚相连。

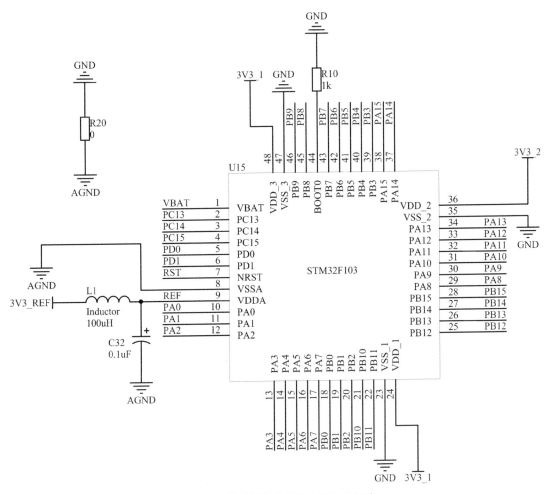

图 6-3-6 单片机最小系统电路第 1 部分

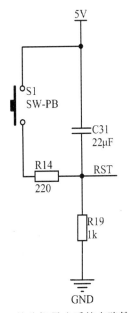

图 6-3-7 单片机最小系统电路第 2 部分

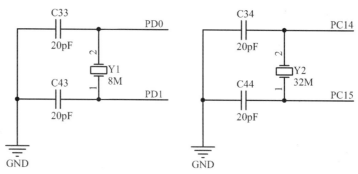

图 6-3-8 单片机最小系统电路第 3 部分

单片机最小系统电路第 4 部分如图 6-3-9 所示，主要由电容组成，主要用于滤除电源杂波，从而保证 STM32F103 单片机正常运行。

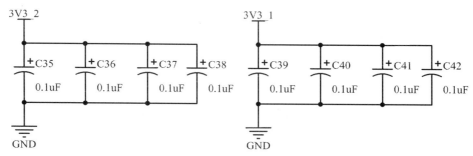

图 6-3-9 单片机最小系统电路第 4 部分

单片机最小系统电路第 5 部分如图 6-3-10 所示，主要由排针组成。排针将 STM32F103 单片机的引脚引出，方便接插。

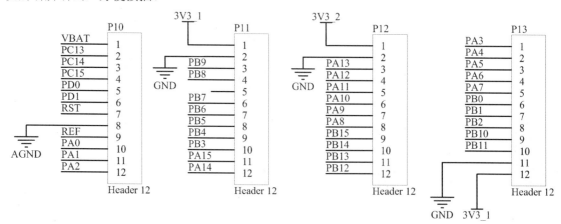

图 6-3-10 单片机最小系统电路第 5 部分

> 小提示
> ◎ 后续将介绍网络标号的连接情况。

6.3.3 超声波传感器电路

超声波传感器电路如图 6-3-11 所示，主要由排针和电容组成。超声波传感器的主要功能是检测障碍物。元件 P9 的引脚 2 通过网络标号"PA9"与 STM32F103 单片机的 PA9 引脚相连；引脚 3 通过网络标号"PA10"与 STM32F103 单片机的 PA10 引脚相连。

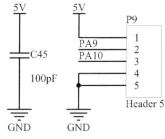

图 6-3-11　超声波传感器电路

6.3.4　独立按键电路

独立按键电路如图 6-3-12 所示，主要由微动开关和电阻组成。独立按键电路的主要功能是设定功能模式。元件 B1 的引脚 1 和引脚 2 共同通过网络标号"PA12"与 STM32F103 单片机的 PA12 引脚相连；元件 B2 的引脚 1 和引脚 2 共同通过网络标号"PA11"与 STM32F103 单片机的 PA11 引脚相连。

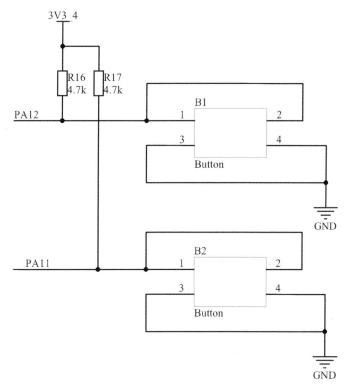

图 6-3-12　独立按键电路

6.3.5　舵机电路

舵机电路如图 6-3-13 所示，主要由 LM7805、电容和排针组成。舵机电路的主要功能是输出 1 路 PWM 信号。元件 P6 的引脚 1 通过网络标号 "PB0" 与 STM32F103 单片机的 PB0 引脚相连。

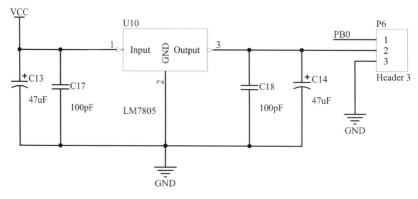

图 6-3-13 舵机电路

6.3.6 光电传感器电路

光电传感器电路包括 2 部分，光电传感器电路第 1 部分如图 6-3-14 所示，主要由 LM393、排针、LED、可调电阻和电阻组成。元件 P7 和元件 P8 可以接入光电传感器。元件 U16 的引脚 1 通过网络标号 "PA3" 与 STM32F103 单片机的 PA3 引脚相连；引脚 7 通过网络标号 "PA4" 与 STM32F103 单片机的 PA4 引脚相连。

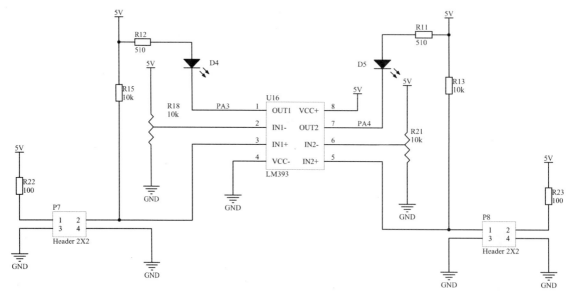

图 6-3-14 光电传感器电路第 1 部分

光电传感器电路第 2 部分如图 6-3-15 所示，主要由 LM393、排针、LED、可调电阻和电阻组成。元件 P14 和元件 P15 可以接入光电传感器。元件 U17 的引脚 1 通过网络标号 "PA5" 与 STM32F103 单片机的 PA5 引脚相连；引脚 7 通过网络标号 "PA6" 与 STM32F103 单片机的 PA6 引脚相连。

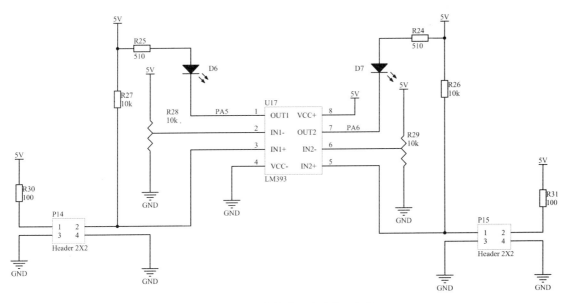

图 6-3-15 光电传感器电路第 2 部分

6.3.7 电动机驱动电路

电动机驱动电路包括 4 部分，电动机驱动电路第 1 部分如图 6-3-16 所示，主要由 DRV8870、接线端子、电容和电阻组成。元件 P2 连接直流电动机。元件 U8 的引脚 2 通过网络标号"PB12"与 STM32F103 单片机的 PB12 引脚相连；引脚 3 通过网络标号"PB13"与 STM32F103 单片机的 PB13 引脚相连。

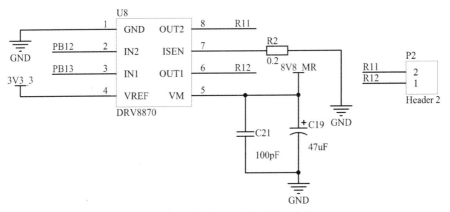

图 6-3-16 电动机驱动电路第 1 部分

电动机驱动电路第 2 部分如图 6-3-17 所示，主要由 DRV8870、接线端子、电容和电阻组成。元件 P3 连接直流电动机。元件 U9 的引脚 2 通过网络标号"PB14"与 STM32F103 单片机的 PB14 引脚相连；引脚 3 通过网络标号"PB15"与 STM32F103 单片机的 PB15 引脚相连。

电动机驱动电路第 3 部分如图 6-3-18 所示，主要由 DRV8870、接线端子、电容和电阻组成。元件 P4 连接直流电动机。元件 U13 的引脚 2 通过网络标号"PB4"与 STM32F103 单片机的 PB4 引脚相连；引脚 3 通过网络标号"PB5"与 STM32F103 单片机的 PB5 引脚相连。

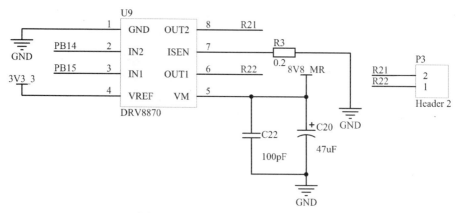

图 6-3-17 电动机驱动电路第 2 部分

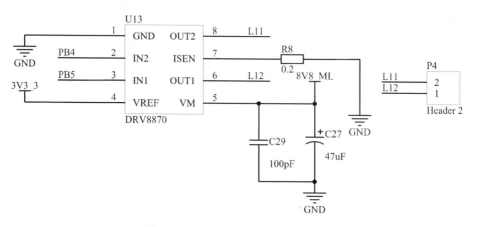

图 6-3-18 电动机驱动电路第 3 部分

电动机驱动电路第 4 部分如图 6-3-19 所示,主要由 DRV8870、接线端子、电容和电阻组成。元件 P5 连接直流电动机。元件 U14 的引脚 2 通过网络标号"PB6"与 STM32F103 单片机的 PB6 引脚相连;引脚 3 通过网络标号"PB7"与 STM32F103 单片机的 PB7 引脚相连。

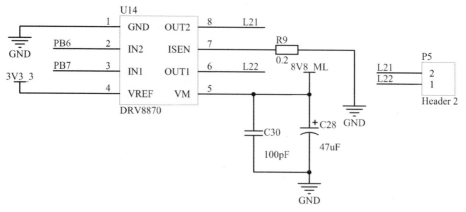

图 6-3-19 电动机驱动电路第 4 部分

执行"工程"→"Compile Document 避障机器人.SchDoc"命令,弹出"Messages"对话框,如图 6-3-20 所示,基本可以忽略"Messages"对话框中出现的 Warning。

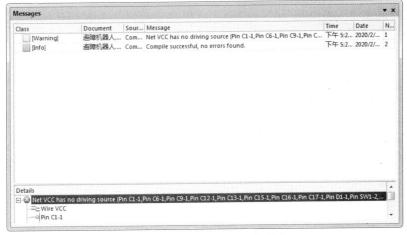

图 6-3-20 "Messages"对话框

6.4 PCB 绘制

6.4.1 布局

执行"文件"→"新建"→"PCB"命令,将新创建的 PCB 保存并命名为"避障机器人.PcbDoc"。

执行"设计"→"Import Changes From 避障机器人.PrjPcb"命令,弹出"工程更改顺序"对话框。单击"生效更改"按钮,全部完成检测。单击"执行更改"按钮,即可完成更改。单击"关闭"按钮,即可将元件封装导入 PCB。

将单片机最小系统电路和独立按键电路(见图 6-4-1)放置在 PCB 的左上角,晶振电路紧靠元件 U15,滤波电容紧靠元件 U15 的电源引脚,复位电路紧靠元件 U15 的复位引脚,参考电压电路紧靠元件 U15 的参考电压引脚。元件 P10、元件 P11、元件 P12 和元件 P13 分别放置在元件 U15 四周。

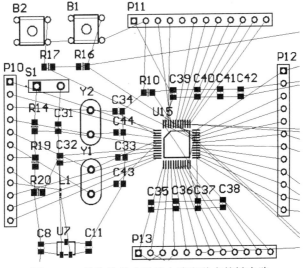

图 6-4-1 单片机最小系统电路和独立按键电路

将光电传感器电路（见图 6-4-2）放置在单片机最小系统电路的下侧，元件 P14、元件 P15、元件 P7 和元件 P8 放置在 PCB 的边缘，方便连接光电传感器。D6、D7、D4 和 D5 用于指示光电传感器的状态。

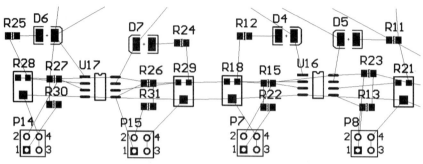

图 6-4-2　光电传感器电路

将元件 U5 相关电路（见图 6-4-3）放置在单片机最小系统电路的右侧，元件 C1、元件 C3 和元件 C2 放置在元件 U5 的左侧，元件 C4 和元件 C5 放置在元件 U5 的右侧。

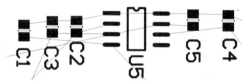

图 6-4-3　元件 U5 相关电路

将电源电路第 1 部分（见图 6-4-4）放置在元件 U5 相关电路的右侧，接插件 P1 和元件 SW1 放置在 PCB 的边缘，方便插拔。

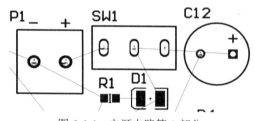

图 6-4-4　电源电路第 1 部分

将直流电动机供电电路（见图 6-4-5）放置在单片机最小系统电路的右侧，电容尽量紧靠稳压芯片引脚。

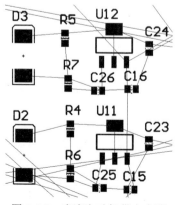

图 6-4-5　直流电动机供电电路

将 5V 电源网络电路（见图 6-4-6）放置在单片机最小系统电路的右侧，电容尽量紧靠稳压芯片引脚。

将电动机驱动电路（见图 6-4-7）放置在电源电路的右侧，元件 P4、元件 P2、元件 P3 和元件 P5 放置在 PCB 的边缘。

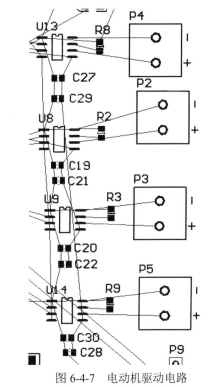

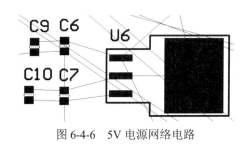

图 6-4-6　5V 电源网络电路

图 6-4-7　电动机驱动电路

将超声波传感器电路和舵机电路（见图 6-4-8）放置在 PCB 的右下侧，元件 P9 和元件 P6 放置在 PCB 的边缘。

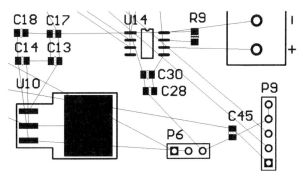

图 6-4-8　超声波传感器电路和舵机电路

各部分电路均放置在 PCB 上，初步布局如图 6-4-9 所示。对整体布局再进行微调，适当调节元件间距，使元件可以沿某方向对齐，整体布局如图 6-4-10 所示。

适当规划版型并放置 4 个过孔，方便安装。对过孔的大小和位置并无特殊要求，合理即可。过孔放置完毕后，元件布局如图 6-4-11 所示；三维视图如图 6-4-12 所示。

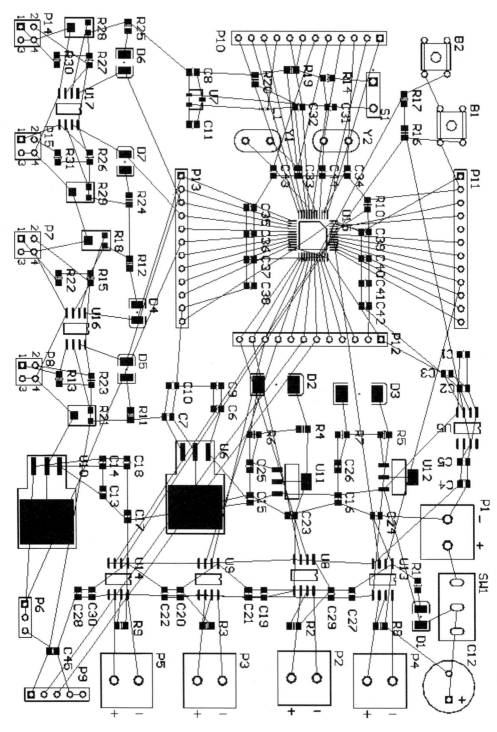

图 6-4-9 初步布局

第6章 避障机器人 PCB 设计实例

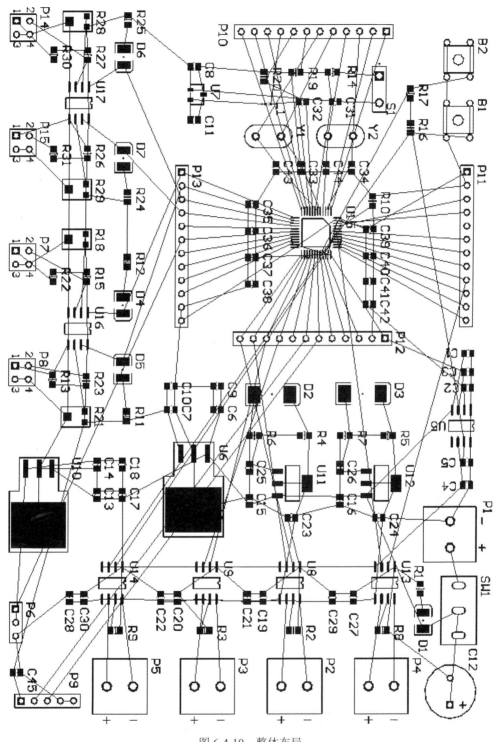

图 6-4-10 整体布局

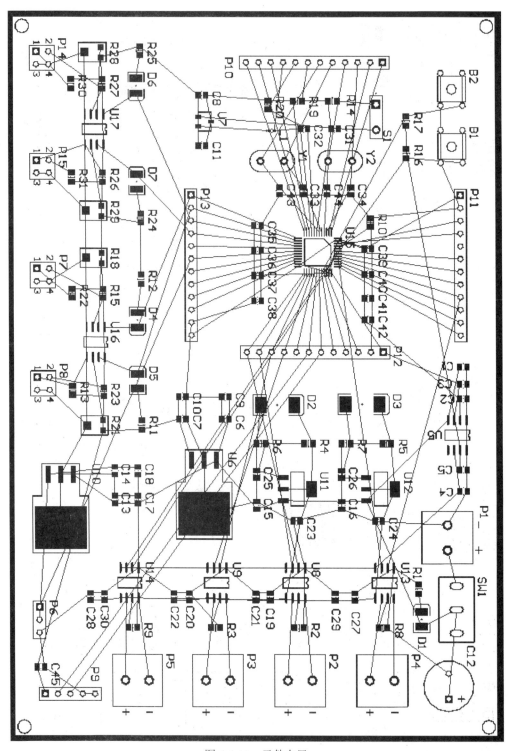

图 6-4-11 元件布局

第 6 章 避障机器人 PCB 设计实例

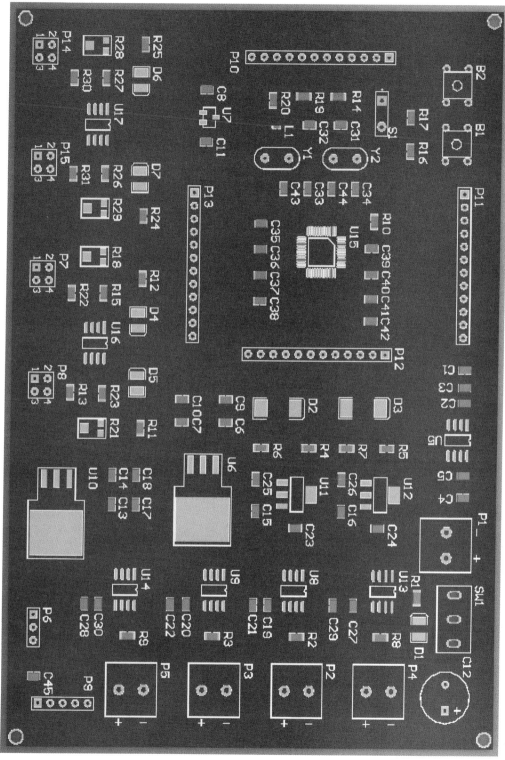

图 6-4-12　三维视图

6.4.2 布线

执行"设计"→"规则"命令,弹出"PCB 规则及约束编辑器"对话框,对布线规则进行设置,设置方法参考 2.4.2 节。本节将信号线线宽设置为"10mil",电源线线宽设置为"20mil"。

完成布线规则设置后,执行"自动布线"→"全部"命令,弹出"Situs 布线策略"对话框。单击"Route All"按钮,等待较长一段时间后,自动布线无法自动停止,且再次进入自动布线状态,"Messages"对话框如图 6-4-13 所示。执行"自动布线"→"停止"命令,停止自动布线后,顶层布线如图 6-4-14 所示。底层布线如图 6-4-15 所示。

小提示

◎ 扫描右侧二维码可观看避障机器人自动布线视频。

◎ 因为元件布局不同,所以自动布线的结果也不同。

执行"报告"→"板子信息"命令,弹出"PCB 信息"对话框。单击"报告"按钮,弹出"板报告"对话框,勾选"Routing Information"复选框。单击"报告"按钮,弹出如图 6-4-16 所示的布线信息,可见有 49 条飞线布线失败。这说明 Altium Designer 的自动布线功能还有一定的欠缺,建议读者尽量使用手动布线的方法。

读者可以将布线失败的飞线通过手动布线的方式进行连线,本节不再赘述。本章实例采用手动布线的方式进行布线,只需要连接信号线和电源线,地线在敷铜时统一连接。

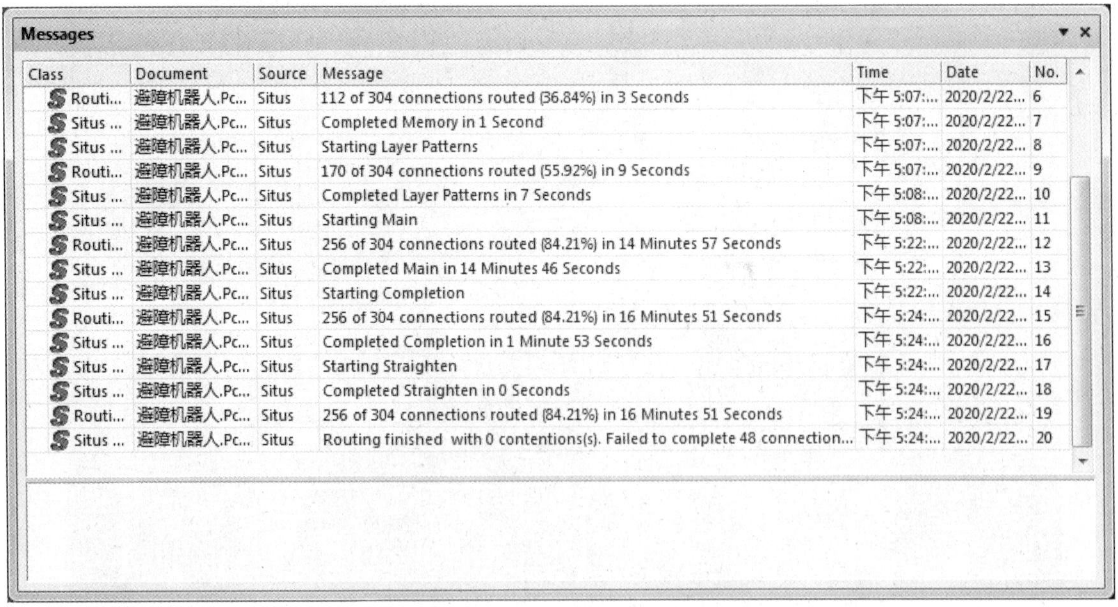

图 6-4-13 "Messages"对话框

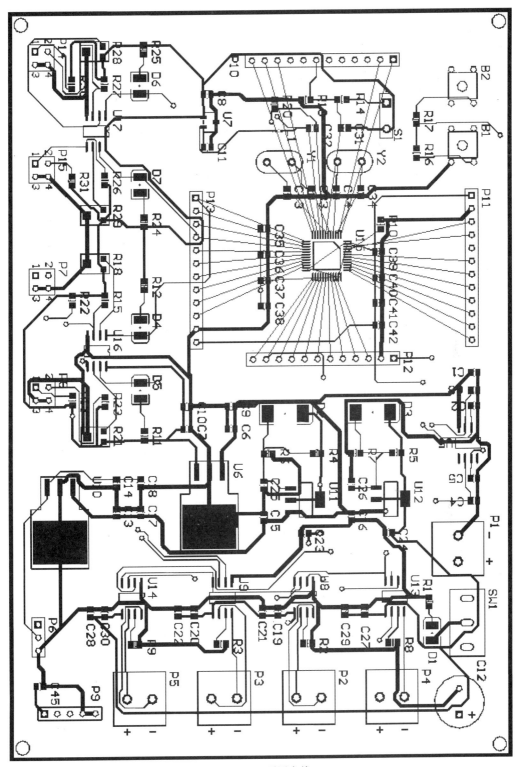

图 6-4-14 顶层布线

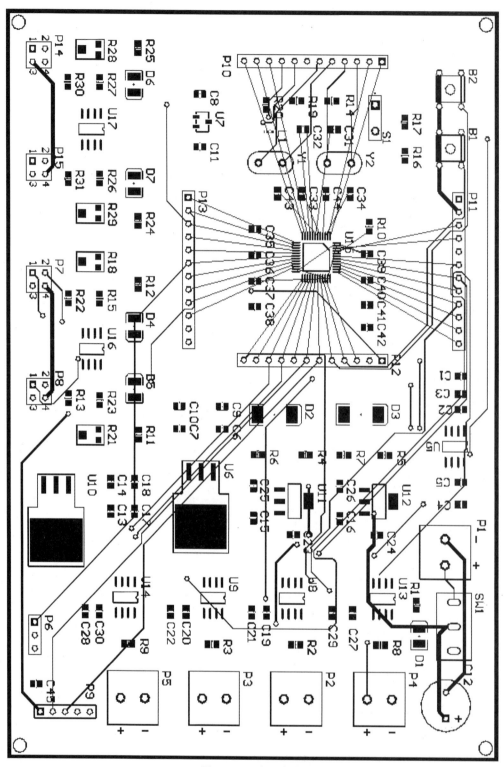

图 6-4-15 底层布线

Routing

Routing Information

Routing completion	83.88%
Connections	304
Connections routed	255
Connections remaining	49

图 6-4-16　布线信息

执行"工具"→"取消布线"→"全部"命令，取消并删除 PCB 中所有布线。执行"放置"→"交互式布线"命令，为单片机最小系统电路和独立按键电路手动布线，单片机最小系统电路和独立按键电路底层布线如图 6-4-17 所示，单片机最小系统电路和独立按键电路顶层布线如图 6-4-18 所示。在布线过程中需要调节元件 C35、元件 C36、元件 C37、元件 C38、元件 C39、元件 C40、元件 C41 和元件 C42 的位置。

执行"放置"→"交互式布线"命令，为光电传感器电路手动布线，光电传感器电路底层布线如图 6-4-19 所示，光电传感器电路顶层布线如图 6-4-20 所示。

执行"放置"→"交互式布线"命令，为直流电动机供电电路手动布线，直流电动机供电电路底层布线如图 6-4-21 所示，直流电动机供电电路顶层布线如图 6-4-22 所示。

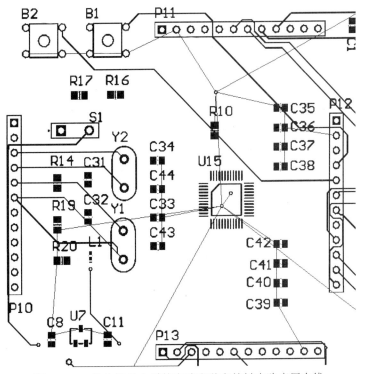

图 6-4-17　单片机最小系统电路和独立按键电路底层布线

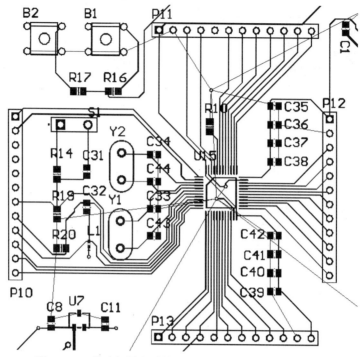

图 6-4-18 单片机最小系统电路和独立按键电路顶层布线

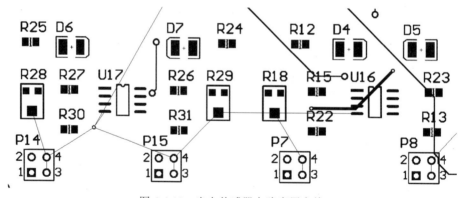

图 6-4-19 光电传感器电路底层布线

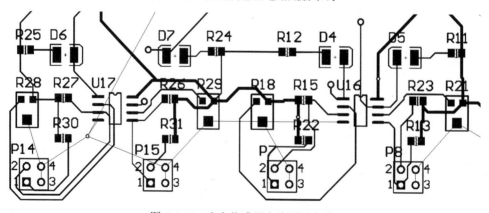

图 6-4-20 光电传感器电路顶层布线

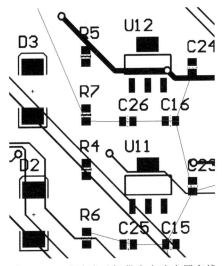
图 6-4-21　直流电动机供电电路底层布线

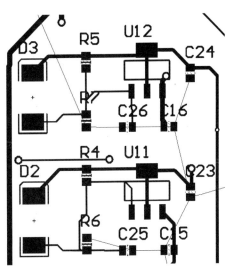
图 6-4-22　直流电动机供电电路顶层布线

执行"放置"→"交互式布线"命令，为电动机驱动电路手动布线，电动机驱动电路底层布线如图 6-4-23 所示，电动机驱动电路顶层布线如图 6-4-24 所示。

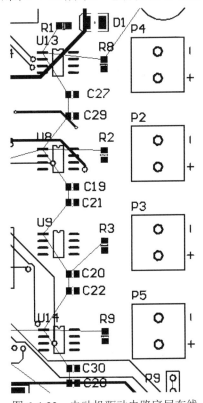
图 6-4-23　电动机驱动电路底层布线

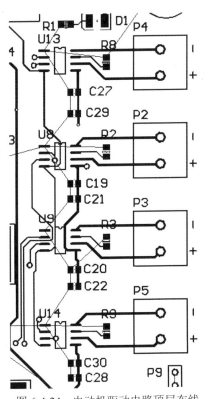
图 6-4-24　电动机驱动电路顶层布线

执行"放置"→"交互式布线"命令，为元件 U5 相关电路手动布线，如图 6-4-25 所示。

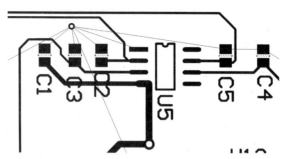

图 6-4-25 元件 U5 相关电路手动布线

执行"放置"→"交互式布线"命令,为舵机电路和超声波传感器电路手动布线,舵机电路和超声波传感器电路底层布线如图 6-4-26 所示,舵机电路和超声波传感器电路顶层布线如图 6-4-27 所示。

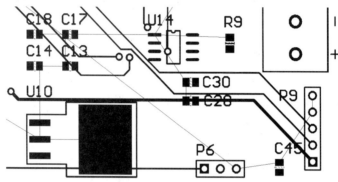

图 6-4-26 舵机电路和超声波传感器电路底层布线

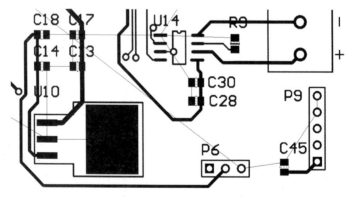

图 6-4-27 舵机电路和超声波传感器电路顶层布线

至此,整体布线完毕。为了方便布线,可以适当调节布线,也可以适当调整元件的位置和方向。手动布线完毕后,切换至"Top Layer"层,顶层布线如图 6-4-28 所示;切换至"Bottom Layer"层,底层布线如图 6-4-29 所示。

执行"工具"→"设计规则检查"命令,弹出"设计规则检测"对话框。单击"运行 DRC"按钮,弹出"Messages"对话框,如图 6-4-30 所示,STM32F103 单片机引脚间距较小的警告信息可忽略;丝印与焊盘间距较小的警告信息可忽略;未连接的引脚均属于"GND"网络的警告信息可忽略。

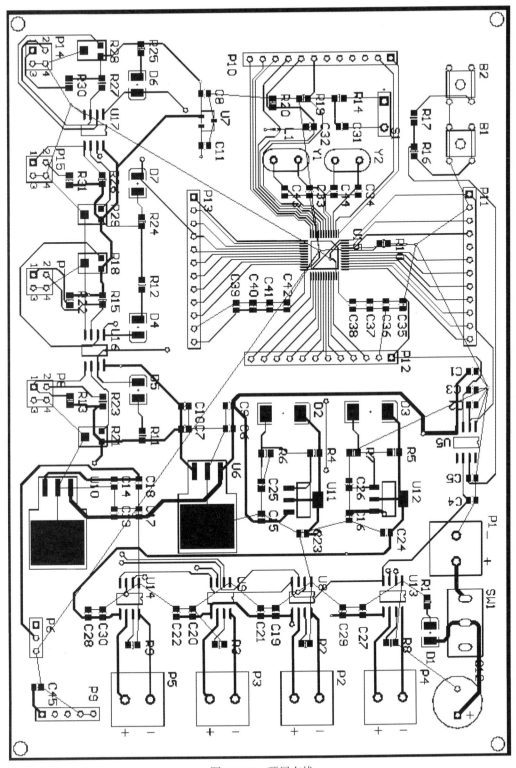

图 6-4-28 顶层布线

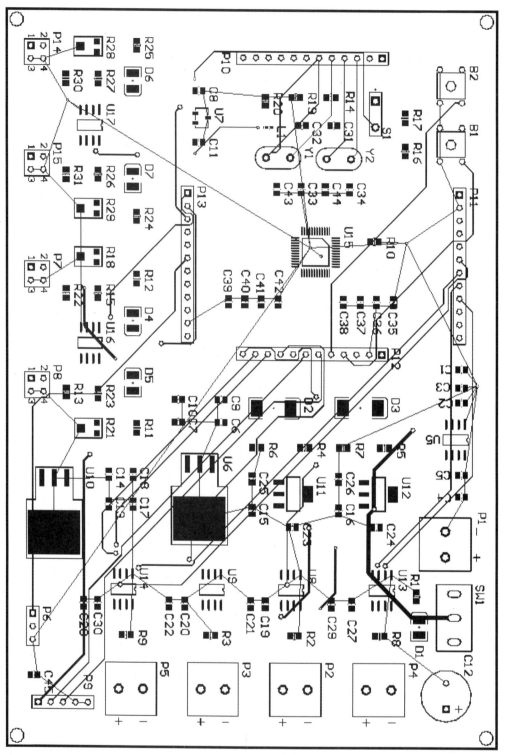

图 6-4-29 底层布线

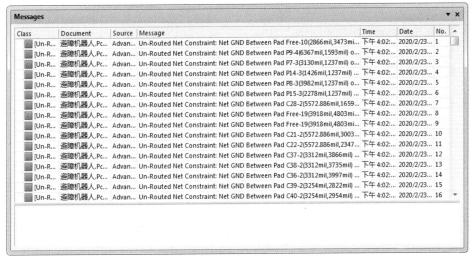

图 6-4-30 "Messages"对话框

6.4.3 敷铜

本节为"GND"网络敷铜。执行"放置"→"多边形敷铜"命令,弹出"多边形敷铜"对话框,"层"选择"Bottom Layer","链接到网络"选择"GND",底层敷铜参数如图 6-4-31 所示。单击"确定"按钮,即可绘制铜皮形状,底层铜皮形状如图 6-4-32 所示。

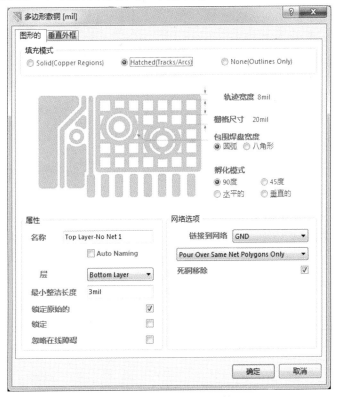

图 6-4-31 底层敷铜参数

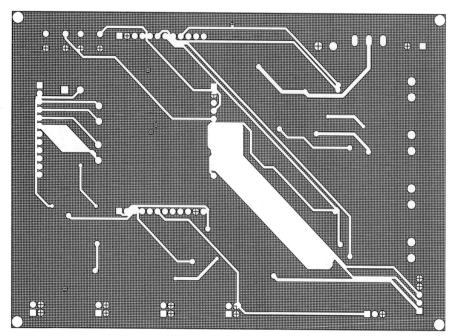

图 6-4-32　底层铜皮形状

执行"放置"→"多边形敷铜"命令,弹出"多边形敷铜"对话框,"层"选择"Top Layer","链接到网络"选择"GND",顶层敷铜参数如图 6-4-33 所示。单击"确定"按钮,即可绘制铜皮形状,顶层铜皮形状如图 6-4-34 所示。

图 6-4-33　顶层敷铜参数

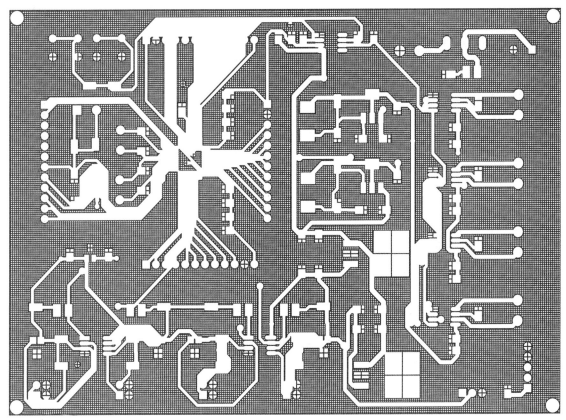

图 6-4-34 顶层铜皮形状

执行"报告"→"板子信息"命令,弹出"PCB 信息"对话框。单击"报告"按钮,弹出"板报告"对话框,勾选"Routing Information"复选框。单击"报告"按钮,弹出如图 6-4-35 所示的布线信息,可见所有飞线均布通。

Routing

Routing Information

Routing completion	100.00%
Connections	316
Connections routed	316
Connections remaining	0

图 6-4-35 布线信息

执行"放置"→"过孔"命令,在敷铜区域放置一定数量的过孔。过孔放置完毕后,避障机器人 PCB 敷铜完毕。避障机器人 PCB 顶层效果如图 6-4-36 所示,避障机器人 PCB 底层效果如图 6-4-37 所示,避障机器人 PCB 三维视图效果如图 6-4-38 所示。

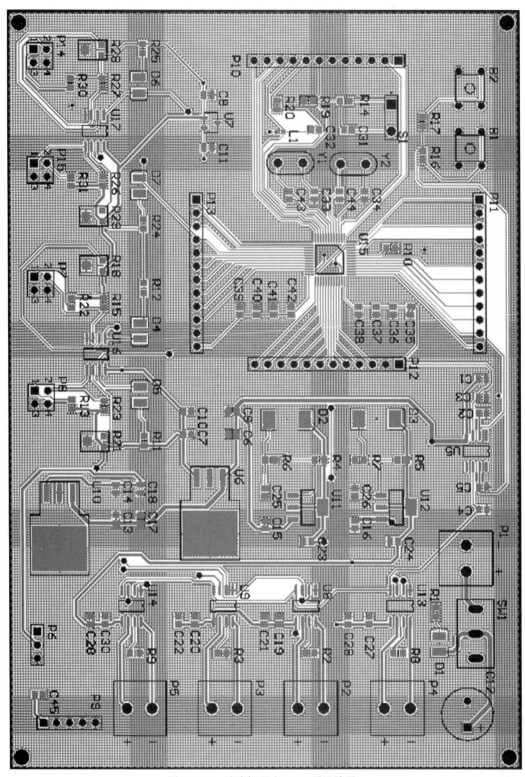

图 6-4-36　避障机器人 PCB 顶层效果

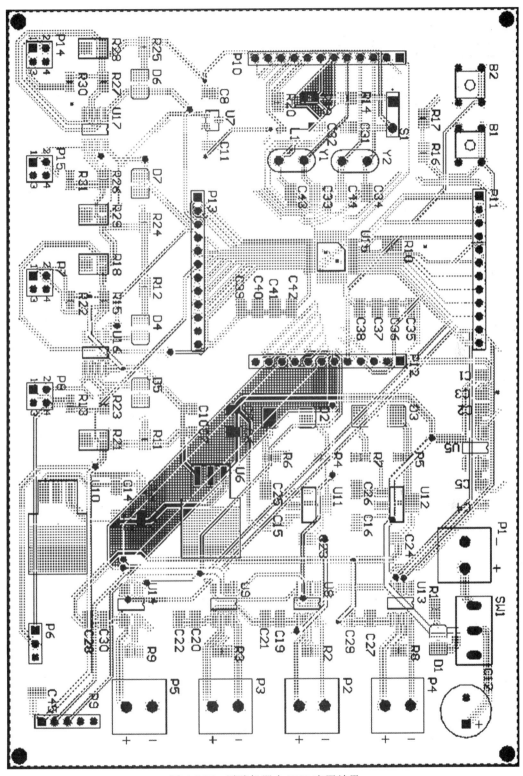

图 6-4-37 避障机器人 PCB 底层效果

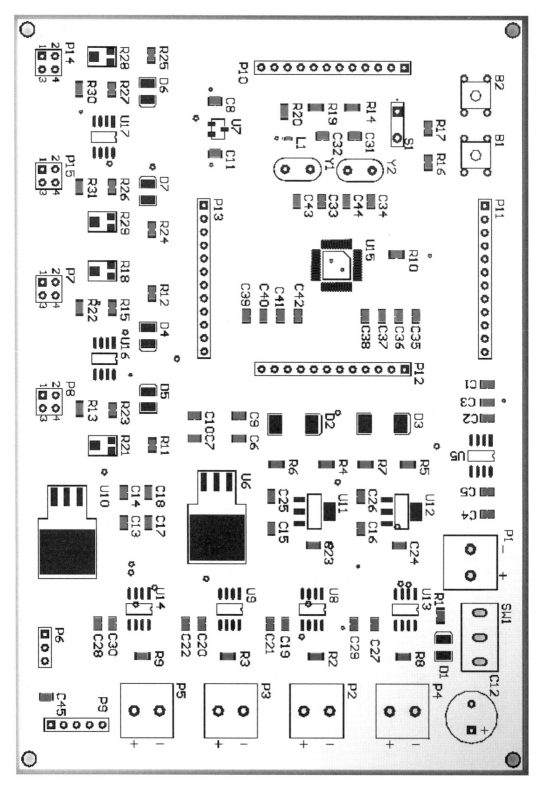

图 6-4-38 避障机器人 PCB 三维视图效果

参考文献

[1] 戴凤智,刘波,岳远里. 机器人设计与制作[M]. 北京:化学工业出版社,2016.
[2] 周润景,刘波,徐宏伟. Altium Designer 原理图与 PCB 设计[M]. 4 版. 北京:电子工业出版社,2019.
[3] 周润景,刘波. Altium Designer 电路设计 20 例详解[M]. 北京:北京航空航天大学出版社,2017.
[4] 刘波. 玩转机器人:基于 Proteus 的电路原理仿真(移动视频版)[M]. 北京:电子工业出版社,2020.
[5] 黄杰勇,林超文. Altium Designer 实战攻略与高速 PCB 设计[M]. 北京:电子工业出版社,2015.
[6] 刘波,韩涛. 玩转机器人:基于 UG NX 的设计实例[M]. 北京:电子工业出版社,2018.
[7] 中国电子学会. 机器人简史[M]. 2 版. 北京:电子工业出版社,2017.